DIANLI BIAOZHUNHUA
GONGZUO SHOUCE

电力标准化

工作手册

中国电力企业联合会标准化管理中心　编

中国电力出版社
CHINA ELECTRIC POWER PRESS

内 容 提 要

本书由中国电力企业联合会标准化管理中心根据其多年电力标准化管理工作经验编写，内容从标准化基本知识、相关标准化法规解读、我国电力标准化管理体制，到标准的立项、标准的编制、标准发布后的跟踪管理、专业标准化技术委员会，再到企业标准化工作、国际标准化活动，内容全面、条理清晰，覆盖电力标准化工作的各个方面。

本书是电力标准化工作人员的必备手册，可供电力标准起草人员、电力企业标准化管理人员、电力专业标准化委员会工作人员等从事电力标准化工作的相关人员参考使用。

图书在版编目（CIP）数据

电力标准化工作手册/中国电力企业联合会标准化管理中心编. —北京：中国电力出版社，2021.7

ISBN 978-7-5198-5759-2

Ⅰ. ①电… Ⅱ. ①中… Ⅲ. ①电力工业－标准化管理－技术手册 Ⅳ. ①TM-65

中国版本图书馆 CIP 数据核字（2021）第 128424 号

出版发行：中国电力出版社
地　　址：北京市东城区北京站西街 19 号（邮政编码 100005）
网　　址：http://www.cepp.sgcc.com.cn
责任编辑：刘亚南（010-63412330）　郑晓萌
责任校对：黄　蓓　王海南
装帧设计：赵姗姗
责任印制：钱兴根

印　　刷：北京雁林吉兆印刷有限公司
版　　次：2021 年 7 月第一版
印　　次：2021 年 7 月北京第一次印刷
开　　本：850 毫米×1168 毫米　32 开本
印　　张：5.625
字　　数：103 千字
定　　价：52.00 元

本书编委会

前　言

　　电力标准是电力工业安全稳定生产运行的重要基础性文件，电力各专业标准化技术委员会（简称标委会）是电力标准化工作的主要技术组织，肩负着专业领域标准化工作任务。因此，电力专业标准化技术委员会工作责任重大。电力企业是电力标准的使用者和鉴定者，电力标准通过电力企业的应用得以发挥其效用，从而促进电力工业的有序健康发展。

　　本手册编制的初衷是为了中国电力企业联合会（简称中电联）标准化管理中心在开展标准编制和标委会的管理方面自用的指导性文件，后被一些标委会了解到此手册的存在，希望拿来借鉴，于是应用的范围扩散开来。随着越来越多的电力企业积极而踊跃地参与到国家标准、行业标准和中电联团体标准等电力标准化工作中来，也希望有一份能尽快全面了解相关知识和要求的文件，中电联标准化管理中心对原手册进行了修订完善，增加了新的内容，以实现其为电力标准化工作提供指南的初衷。此外，根据国家为加强标准化管理工作的新要求，国家标准、行业标准等申报方法的新调整，中电联团体标准的研发工作从试点走向成熟的新经验，本手册也从最初主要围绕标委会开展电力标准的研究、申报、编制、审查（复审）、宣贯、日常管理等基本元素，增加了要求和指南的内容，并给出标委会在日常管理活动中经常用到的文件的格式、标准报批资料等参考示例内容；同时，扩展增加了企业标准化工作、国际标准化工作等相关内容，使本手册更为全面系统，对电力企业开展标准化活动给出一个浅显，但却实用的指引（中电联标准化管理中心另组织编写有《电力企业标准化工作指南》可供企业开展标准化工作时进行参考），而国际标准化则是在总结近年来我国电力行业参与国际标准化活动中进行的归纳和总结。

本手册立意是实用而可操作，目的是规范在标准制定、修订各环节上给出较为清晰的指导，以规范电力标准的制定、修订工作行为，使电力标准的编修工作更加严谨，使电力标准的内容与电力工业的生产与发展要求更加贴合；同时，对标委会的工作和日常管理提出指导性建议，使标委会的工作有所依据，促进标委会工作水平的整体提升；给出电力企业开展标准化工作的简便的方法和关注要点，使电力企业初步了解标准化工作开展的步骤与方法，减少企业开展标准化工作初期的畏难情绪，促进电力生产的安全、有序、可靠进行；提出一些参与国际标准化工作的思路与做法，为我国经济社会发展和电力企业"走出去"战略实施提供支持。

本手册依据现行的有关标准化法规和标准文件要求进行编制，不过多地从理论上进行深入探讨、延伸与展开，目的是使读者轻松地了解和掌握电力标准的产生，从而吸引更多的有志参与电力标准化工作的人员尽快地进入这一领域中，为电力标准化工作的开展服务。

随着信息化技术的发展与应用，不同的标准管理机构的标准化管理要求中，很多过程性活动（诸如立项申报、征求意见、标准报批等）已由纸质文件转向通过网络进行，然而线下的工作仍是必不可少的基础和前提，因此，本手册中提到的一些基础工作在一段时间内还是必需的。随着时间的推移和电力技术的发展，国家和行业标准化工作的要求也必会有新的变化，信息技术的广泛应用，无纸化办公也将成为发展的大趋势，因此，还请本手册使用者及时关注相关的要求与变化。

由于引用的相关文件和概念存在着时代的局限性和编者的水平有限，本手册难免存在不当之处，敬请读者指出，以便进一步完善和共同提高。

本书编委会

目　录

第一章 标准化基本知识

第一节 标　　准

一、标准的定义

标准是指适用于公众的、由有各方合作起草并一致或基本上一致同意，以科学、技术和经验的综合成果为基础的技术规范或其他文件，其目的在于促进共同取得最佳效益，它由国家、区域或国际公认的机构批准通过。

该定义源自国际标准化组织（International Organization for Standardization，ISO）于 1982 年发布的第 2 号指南，该指南自发布以来，历经多次修订，并且在不同国家、不同组织也有所调整或变化。

目前，我国关于"标准"的定义是：通过标准化活动，按照规定的程序经协商一致制定，为各种活动或其结果提供规则、指南或特性，供共同使用和重复使用的文件（来源：GB/T 20000.1—2014《标准化工作指南　第 1 部分：标准化和相关活动的通用术语》）。

根据标准的定义，对标准的理解如下：

◆ 标准是具有特殊用途的特殊"技术产品"，其"特殊"是因其所附有的"约束性特征"。

◆ 标准的实质是对一个特定的活动、过程或其结果（产品或输出）规定的共同遵守和重复使用的规则或特性文件，"共同遵守"和"重复使用"是标准研编的前提。

◆ 标准的目的是为在一定范围内获取最佳秩序；一定范围明确了标准所涵盖的（技术）领域，而最佳秩序通常包含经济和社会两方面的内容，经济最佳秩序通常是指开展标准化活动所带来的经济收益，而社会最佳秩序则是指标准化活动为社会（诸如环境）等做出的贡献。

◆ 标准形成的基础是当代科学、技术、综合经验，通过对当代科学、技术和综合经验进行总结提炼，形成共同遵守、重复使用的文件，用以为确定范围的活动提供规则、指南或特性；而当代科学是随着时间的推移和人们对客观世界认知的不断加深的最好的认识和理解。

◆ 标准的核心是技术内容，这些内容主要以共同或共通的术语、技术指标、要求、试验方法、检测方法、实现方式、规则、通用流程等进行约定，以求在尽可能广泛的群体中达成共识。

◆ 标准是经与标准相关的各方共同协商并达成一致形成的，在形成标准的过程中，通过一定程序的约束是保证标准产生的公平、公正与可执行的必要条件。此外，通过对标准定义的分析可知，在电力企业中经常使用的"系统图"等文件虽然也是常用的技术约束性文件，但其为现场系统的文件映射而非协商产生，故

"系统图"非"标准"。

◆ 标准最为常见的表现形式是一种文件，外在形式是标准的载体，没有一定形式的载体作为标准的外在表现形式，标准的内在要求就无从谈起，这种外在形式也有相关标准［如 GB/T 1.1—2020《标准化工作导则　第 1 部分：标准化文件的结构和起草规则》或 DL/T 800—2018《电力企业标准编写导则》］或文件［如《工程建设标准编写规定》（建标〔2008〕182 号）］进行约束和规定。

◆ 与文件对应的实物标准是标准的一种特殊存在形态，其相对独立，并可被人重复使用和有偿或无偿转让。

二、标准的层次

标准的层次是其涉及的地理、政治或经济区域的范围，可以在全球、区域或国家层次上，也可以在一个国家的某个地区内，在政府部门、行业协会或企业层次上。

国际标准：由国际标准化组织或国际标准组织通过并公开发布的标准（来源：GB/T 20000.1—2014，5.3.1）。我国《采用国际标准管理办法》中明确："国际标准是指国际标准化组织（ISO）、国际电工委员会（IEC）和国际电信联盟（ITU）制定的标准，以及国际标准化组织确认并公布的其他国际组织制定的标准。"这些标准在国际上被广泛认可和共同遵循，国际标准适用于国际贸易和技术活动的开展。

区域标准：由区域标准化组织或区域标准组织通过并公开发布的标准（来源：GB/T 20000.1—2014，5.3.2）。这些标准通常由一个地理区域的国家代表组成的区域标准组织制定并在该区域内统一和使用，是该区域国家间进行贸易的基本准则和基本要求，根据区域标准的技术特性，其应用领域有时也可扩展至非该区域的国家或组织中。

国家标准：由国家标准机构通过并公开发布的标准（来源：GB/T 20000.1—2014，5.3.3）。按照国家认定的标准化活动程序，经协商一致制定，由国家标准化管理机构统一管理发布，为全国范围内各种活动或其结果提供规则、指南或特性，共同使用、重复使用的文件。

目前在我国，国家市场监督管理总局对外保留国家标准化管理委员会牌子，统一归口国家标准的管理工作。

国家标准的编号由文件代号，即 GB（强制性国家标准）或 GB/T（推荐性国家标准）、GB/Z（国家标准化指导性技术文件），顺序号和发布年份号构成。

行业标准：由行业机构通过并公开发布的标准（来源：GB/T 20000.1—2014，5.3.4）。在我国，所谓行业是指为全面、精确、统一统计国民经济活动，由权威部门制定和颁布的产业分类，如电力行业、水利行业、机械行业等。行业内按照确定的标准化活动程序，经协商一致制定，由行业标准化管理机构统一管理发布，为行业范围内各种活动或其结果提供规则、指南或特性，共同使用、重复使用的文件即为行业标准。标准化法第二条中指出，行业标准是推荐性标准。

电力行业标准的文件代号为 DL，能源行业标准的代号为 NB。

地方标准： 在国家的某个地区通过并公开发布的标准（来源：GB/T 20000.1—2014，5.3.5）。这些标准是为满足地方自然条件、风俗习惯等特殊技术要求而制定。

《中华人民共和国标准化法》（简称《标准化法》）明确，为满足地方自然条件、风俗习惯等特殊技术要求，可以制定地方标准。地方标准由省、自治区、直辖市人民政府标准化行政主管部门制定；设区的市级人民政府标准化行政主管部门根据该行政区域的特殊需要，经所在地省、自治区、直辖市人民政府标准化行政主管部门批准，可以制定该行政区域的地方标准。地方标准由省、自治区、直辖市人民政府标准化行政主管部门报国务院标准化行政主管部门备案，由国务院标准化行政主管部门通报国务院有关行政主管部门。

团体标准： 具有法人资格，且具备相应专业技术能力、标准化工作能力和组织管理能力的学会、协会、商会、联合会和产业技术联盟等社会团体按照团体确立的标准制定程序自主制定发布，为团体成员的各种活动或其结果提供规则、指南或特性，共同使用、重复使用的文件。

团体标准由社会自愿采用。

中国电力企业联合会团体标准（简称中电联标准）的代号为 T/CEC。

企业标准：由企业通过供该企业使用的标准（来源：GB/T 20000.1—2014，5.3.6）。

企业标准是企业为规范技术、管理活动和岗位职责等，通过标准化活动产生，供企业共同使用的规范性文件。企业标准根据标准性质的不同可分为技术标准、管理标准和岗位标准。企业标准的代号由"Q/"进行标识。

三、标准的分类

标准的类别是标准分类的一种方法，在分类过程中这些类别相互间并不排斥，例如，一个节能综合利用的标准，其内容给出的相关要求是某项节能活动的试验、检查、分析方法等，其也可视为方法标准。

基础标准：以相互理解为编制目的形成的具有广泛适用范围的标准（来源：GB/T 1.1—2020，3.1.3）；具有广泛的适用范围或包含一个特定领域通用条款的标准（来源：GB/T 20000.1—2014，7.1），也即在一定范围内作为其他标准的基础并普遍适用，具有广泛指导意义的标准，如 GB/T 1《标准化工作导则》、GB/T 4728《电气简图用图形符号》系列国家标准及 DL/T 1499《电力应急术语》、DL/T 861《电力可靠性基本名词术语》等。

通用标准：包含某个或多个特定领域普遍适用的条款的标准（来源：GB/T 1.1—2020，1.3.4）。

通用标准在其名称中常包含词语"通用"，如通用规范、通用技术要求等。基础标准与通用标准类似，其内容应具有广泛、普适的指导意义，为各领域技术标准所借鉴或有广泛的指导作用。

产品标准：规定产品需要满足的要求以保证其适用性的标准（来源：GB/T 20000.1—2014，7.9），也即为保证产品适用性，对产品必达特性提出要求、指标的标准，如 DL/T 1861《高过载能力配电变压器技术导则》、DL/T 1429《电站煤粉锅炉技术条件》、DL/T 696《软母线金具》等。

产品标准内容中的要素宜包含但不限于：

◆ 形成产品的主要原（材）料指标、性能要求；

◆ 产品的设计要求；

◆ 产品的生产加工过程及其生产工艺；

◆ 产品质量、检验、安全要求；

◆ 产品的包装、运输、交付要求；

◆ 检验与实验方法；

◆ 产品使用（运行）中的重要指标、关注要求；

◆ 产品报废后的处置要求等。

当上述某一内容过多时，可根据实际应用的需求划分成系列标准进行表述，但建议尽可能从总体进行标准的设计，构成完整的标准。

方法标准：以试验、检查、分析、抽样、统计、计算、测定等为对象的标准，如 GB/T 7598《运行中变压器油水溶性酸测定法》、DL/T 1540《油浸式交流电抗器（变压器）运行振动测量方法》、DL/T 567《火力发电厂燃料试验方法》系列标准等。

方法标准内容中的要素宜包含但不局限于：

◆ 方法所采用的技术原理（则）；

◆（试验、测定）使用的原（材）料、仪器要求；

◆ 方法的具体内容和要求；

◆ 方法实施（操作）步骤、过程；

◆ 方法实施过程中对环境的要求；

◆ 对方法的检验、验证要求。

工程建设标准：是我国一类特有的标准类别，其内容主要是涉及工程建设过程的相关标准，包括规划、勘测、设计、施工等内容的标准。工程建设标准由国务院工程建设主管部门（住房和城乡建设部）会同相关标准化管理机构（国家标准化管理委员会、国家能源局等）进行管理。

国家工程建设标准的编号（顺序号）为 50000 以上，电力行业标准编号是 5000 以上，如 GB 50260《电力设施抗震设计规范》、GB 50613《城市配电网规划设计规范》、DL/T 5732《架空输电线路大跨越工程施工质量检验及评定规程》等。

工程建设标准的内容涉及面广、专业划分多、技术要求严，通常标准宜根据其所涉及的标准化对象所涵盖的内容（设计或施工等）进行全过程的描述，例如，"施工"标准通常构成的要素包括但不限于：

◆ 施工准备（环境条件、材料、设备、设施、安全、组织）；

◆ 施工过程中专业协同（配合）要求；

◆ 施工质量要求；

◆ 施工安全要求；

◆ 施工环保要求；

◆ 施工过程中特殊气候（冬季、雨季、高温天气）、特殊条件（工艺）要求；

◆ 工程验收（阶段或专业验收、工程总体验收）要求。

我国工程建设标准的编写格式与要求应遵循住房和城乡建设部印发的文件——《工程建设标准编写规定》（建标〔2008〕182号）的要求。工程建设标准还应同时编制"条文说明"。"条文说明"应按标准章、节、条的顺序，以条为基础进行说明，需要对术语、符号进行说明时，可按章或节为基础进行说明。"条文说明"的编制应遵循下列要求：

◆ 说明正文确定的要求的目的、理由、主要依据及其执行中的注意事项等；

◆ 标准给出的重要数据的演算依据和演算过程；

◆ 标准中重要图（表）产生的依据；

◆ 修订的标准，其条文说明应做相应修改和调整，并对发生变化的条文进行新旧条文对比说明；

◆ 条文说明的内容不应采用注释；

◆ 不应对标准正文的内容做补充规定或加以引申；

◆ 不应写入有损公平、公正原则的内容。

节能综合利用标准：节约或合理利用能源、资源，减少浪费、提高能源、资源有效利用的标准。此类标准的要素构成可参考方法标准，如 GB/T 32127《需求响应效果监测与综合效益评价导则》、DL/T 1052《电力节能技术监督导则》等。

此类标准的内容应结合国家、行业、产业政策，具体细化相应技术指标，做到通过标准的实施，达到有效利用资源的目的。

安全生产标准：为免除不可接受伤害风险的状态而制定的标准。通常不可接受的伤害风险往往是针对人或物的，如 GB/T 35694《光伏发电站安全规程》、NB/T 31052《风力发电场高处作业安全规程》、T/CEC 5004《电力工程测绘作业安全工作规程》等。

管理技术标准：为规范组织生产、经营、管理活动的相关标准。管理标准中的内容通常是以该项管理活动流程的各要素进行编制。管理技术标准与管理标准有着细微的差异，前者主要从技术的角度考虑标准的主题内容，如 GB/T 14541—2017《电厂用矿物涡轮机油维护管理导则》；后者主要从管理活动的流程中考虑，如 DL/T 1004—2018《电力企业管理体系整合导则》、T/CEC 181—2018《电力企业标准化工作 评价与改进》等。

管理标准的要素宜根据管理活动的特征,从策划(plan)—实施(do)—检查(check)—改进(act),即 PDCA 循环管理理念进行全过程地描述该项管理过程,并提出相应技术要求,包括但不限于管理职责、管理活动内容、管理方法和达到的要求等,最终明确管理活动中各项工作"干什么、由谁干、怎么干、何时干、何地干、干到什么程度"。

此外,除以上各标准外,还有如下其他标准。

环保标准:是为保护环境和有利于大气、水体、土壤、噪声、振动、电磁波等环境质量、污染治理、监测方法等提出的标准,如 DL/T 382《火电厂环境监测管理规定》、DL/T 1281《燃煤电厂固体废物贮存处置场污染控制技术规范》等。

卫生标准:是为保护人的健康,对食品、医药及其他方面的卫生要求提出的标准,如 DL/T 325《电力行业职业健康监护技术规范》等。

岗位标准:企业为落实产品实现标准体系和基础保障标准体系相关要求,以岗位作业为组成要素,确定该岗位工作关系、内容、方法及考核要求的标准。岗位标准是企业人力资源管理部门和员工岗位工作的重要依据性文件。岗位标准的主题要素包含但不限于岗位职责、岗位人员资格要求、岗位的工作内容及其要求、对岗位达到要求开展的检查与考核要求等。

标准化文件：通过标准化活动制定的文件（来源：GB/T 20000.1—2014，5.2）。标准化文件是对标准的另一种说法，在企业中标准化文件也包括制度、办法、规章等约束性文件。

四、标准的约束性

标准和法律、行政法规都属于规范、约束人们社会行为或技术活动的特殊文件，但它们的约束力不同。

推荐性标准：按照国际惯例，绝大多数标准是推荐性的，标准的使用者根据其需要自愿执行和遵守标准的约束。虽然标准是自愿执行的约束性文件，但标准使用者不符合或违反标准所约定的要求时，标准使用者应自己承担其不符合或违反标准所产生的后果。

所谓推荐性标准很多情况下并不如一般理解的那样，以为是否使用推荐性标准具有很大的选择自由。在以下条件下，推荐性标准与强制性标准一样是必须遵守和执行的：

◆ 行政部门明确规定做某事必须遵循的标准；

◆ 写入合同的标准，与合同执行有关的各方都必须遵守；

◆ 在大多数情况下，由于市场竞争和客户从众心理而产生的压力往往迫使企业强制执行某些标准，尽管这些标准可能是推荐性标准甚或是标准化指导性技术文件；

◆ 对于企业而言，纳入企业标准体系的标准都应遵守执行。

强制性标准：又称技术法规或国家强制性标准文件，《标准化法》第十条明确规定："对保障人身健康和生命财产安全、国家安全、生态环境安全，以及满足经济社会管理基本需要的技术要求，应当制定强制性国家标准"。

按照国际惯例，以下五个方面属技术法规（强制性标准）范畴：

◆ 国家安全；

◆ 防止欺诈；

◆ 保护人身健康和安全；

◆ 保护动植物生命和健康；

◆ 保护环境。

《标准化法》第二条明确："强制性标准必须执行"。

标准化指导性技术文件：是一类特殊的标准文件，是为仍处于技术发展中（如变化快的技术领域）的标准化工作提供指南或信息，供科研、设计、生产、使用和管理等有关人员参考使用的标准文件。其约束性比标准弱，在标准化指导性技术文件的前言中应注明："本指导性技术文件仅供参考。有关对本指导性技术文件的意见和建议，向相关部门反映"。

产生标准化指导性技术文件的背景通常有两个：一个是技术尚在发展中，需要有相应的标准文件引导其发展或具有标准化价值，尚不能制定为标准的项目，如 GB/Z 25320《电力系统管理及其信息交换 数据和通信安全》系列国家标准。另一个是采用国际标准化组织、国际电工委员会或其他国际组织的技术报告的项目，如 DL/Z 860.7510《电力自动化通信网络和系统 第 7-510 部分：基本通信结构 水力发电厂建模原理与应用指南》。

第二节 标 准 体 系

一、体系（系统）的定义

我国系统论奠基人钱学森对系统的定义：系统（system，又称体系）是指由相互作用和相互依赖的若干组成部分（元素）组合而成的具有特定功能的有机整体。

注 1：系统可能指整个实体，系统的组件也可能是一个系统，此组件可
　　　称为子系统。

注 2：系统是由元素构成的。

综上所述，体系（系统）主要有以下 4 个方面的特征：

（1）整体性。构成体系（系统）的各部分之间不是简单的组合，而是一个相互制约、相互影响、统一的、有机的整体，它们之间需要相互协调和连接。

（2）目的性。人造体系（系统）或复合体系（系统）都是根据体系（系统）的目的来设定其功能的。体系（系统）的目的性使其走向期望的稳定结构。

（3）有序性。由于体系（系统）的结构、功能和层次的动态演变有某种方向性，使体系（系统）具有有序性的特点。有序性

使体系（系统）趋于稳定。

（4）动态性。体系（系统）和外部环境之间有物质、能量和信息的交换，体系（系统）会因环境的变化而变化，体系（系统）的发展是一个有方向的动态过程，并使体系（系统）体现出相应的生命周期。

二、标准体系的定义

GB/T 13016—2018《标准体系构建原则和要求》对标准体系的定义：标准体系（standard system）是指一定范围内的标准按其内在联系形成的科学的有机整体。

根据标准体系的定义，对标准体系的理解如下：

◆ 构成：组成标准体系的元素（要素）是一项项具体的标准。

◆ 整体：确定体系范围内的标准的全体；包括现行标准、编制中的标准，以及已经预见到的待制定的标准。

◆ 内在联系：所有标准构成一个体系，其中不同功能的标准分别构成若干子体系。子体系之间存在着互相依赖、互相制约的关系。例如，通用标准对个性标准具有指导和约束的作用；个性标准对通用标准具有形成作用；个性标准之间具有协调关系等。

◆ 科学的、有机的：编制标准体系首先要考虑体系的整体功能，即只有体系内所有标准都得到贯彻才能达到建立标准体系的最佳秩序、获取最大效益的目的；在编制个性标准时也应该紧紧把握这个原则。

◆ 一定范围：标准体系所确定（包括）的范围边界，也即是标准化活动的范围，这个范围应根据具体专业、组织的实际情况确定。

◆ 动态特性：标准体系也和标准一样，具有相对性。随着客观条件的改变和主观认识的深化，已经编制的标准体系也会老化、过时和不适宜。因此应当在适当的阶段对标准体系进行修订和完善。

构建标准体系应以"目标明确、层次适当、划分清楚、全面成套"为基本原则。结合标准体系的应用实际，系统地梳理出构成体系的重要标准主线，指导该体系范围内标准的研发与应用。

按照标准体系应用的实际，体系又可分为宏观和微观两个层面，前者范围更为广泛和普适，如电力行业标准体系、火力发电标准体系、水力发电标准体系等；后者相对细化和专业化，其可能是构成前者的子体系，如某专业、某过程、某工艺、某方法或某组织所涉及标准构建的标准体系（如高压试验标准体系、勘测设计标准体系、变电站运行标准体系、火力发电厂检修标准体系、某水电站标准体系等）。

此外，根据构成标准体系的标准类别，电力标准体系还可分为技术标准体系、管理标准（通常还包含有管理制度）体系和岗位（工作）标准体系等，企业标准体系的构建是开展企业标准化的一项重要基础性工作。

三、标准体系的作用

标准体系建设的目的是保证同一专业技术领域的标准相互配套、协调，相关标准的技术要求保持一致、统一，同时，对该领域标准化工作的发展方向有一清晰的指引。标准体系应是某一领域范围内共同遵守的标准的整体概貌。从标准体系可以看出该领域范围内标准覆盖的程度、标准之间的关系、标准化活动开展的深度和广度。

标准体系应清晰地给出该领域范围内的标准体系框架和现在执行的标准、正在编制的标准、待制定的标准，这些标准应有系统地进行划分，而不是简单地罗列。标准体系是编制标准化工作规划和计划的重要依据。专业标准化技术委员会在梳理和构建标准体系时，应结合本业技术发展方向，给出该技术领域中的主体标准，并以此为依据，开展标准的研编工作；在编制标准年度计划时，以标准体系中确定的标准项目为依据，从而保证标准之间具有良好的协调性。同时，要根据专业技术的发展与新技术的融合，及时修订本专业标准体系，以保证其指导作用。

标准体系既便于企业用系统理论和方法整合标准，发挥系统的整体作用；也便于保持企业标准化工作与企业发展的方针、目标相协调，实现企业的总体目标；还便于企业适时调整和更新标准，结合科技成果和发展、与时俱进，保持标准化工作整体的先进性。

四、标准体系的表现形式

标准体系表：是一种用于表达、描述标准体系目标、边界、范围、环境、结构关系并反映标准化发展规划的模型。该模型是用于策划、实施、检查和改进标准体系的方法或工具。

标准体系结构图：形象直观地表现标准体系的全貌，以及体系与子体系、子体系之间、个性标准与体系之间的关系。

标准体系构建的思考：

◆ **角度**：以动态的方法分析标准之间的相互关联、相互作用、相互协调的关系，梳理清技术发展的来龙去脉和发展趋势，把握该领域标准化的起因与发展方向。

◆ **深度**：透过事物表象，认清系统的动态及驱动系统行为变化背后潜在的"结构"；通过深入思考，研究标准化发展变化的趋势（模式）和走向。

◆ **广度**：从全局与系统的角度看到标准体系的整体，研究标准体系背后的驱动因素（系统结构），看到全局（整体）和独立的标准（个体）之间的联系性，协同构建标准化的整体工作。

标准体系表通常包含下述四部分内容：

◆ **标准体系结构图**：用于表达标准体系的范围、边界、内部结构及意图。通常标准体系结构包括标准之间的"层级"关系，逻辑顺序的"序列"关系及其组合等。

◆ **标准体系明细表**：标准体系标准的罗列，应包括现行有效标准、在编标准和待编标准。标准明细表在横向上主要包括序号、标准名称、标准代号和编号、实施日期、采用标准程度（用符号表示：等同采用——IDT；修改采用——MOD；非等效——NEQ）及被采用标准的编号、替代作废情况、备注等栏目；在纵向上，一般按方框图给出的层次分类，每一类要有相应的体系编号和分类名称。

◆ 编制说明：是对标准体系的编制原则、依据、背景、目标、各子体系的划分原则、依据、内容和说明、与其他体系的关系、协调意见等的说明。

◆ 标准统计表：可根据不同的统计目的设置不同的统计项。

五、标准体系的构建

标准体系的构建应与该体系所涉及或涵盖的专业技术领域（生产、管理活动）紧密结合，以系统方法为思路、以需求为导向。所谓系统方法为思路是指在构建标准体系时，应充分考虑和分析该专业技术领域（生产、管理活动）所涉及内容的全过程、从业务的初始出发到业务终结的全过程进行考量。所谓以需求为导向是指在进行标准体系架构设计时，应充分考虑和分析该专业技术领域（生产、管理活动）特点、标准化现状与标准需求、内外部环境因素的影响和相关方的需求与期望。

在我国有多个标准提供指导构建标准体系的基本模式，如GB/T 13016—2018《标准体系构建原则和要求》、GB/T 15496—2017

《企业标准体系　要求》和 DL/T 485—2018《电力企业标准体系表编制导则》等，这些标准是我国标准化工作者多年实践经验的总结、优化和提炼，具有较强的指导性和可推广性。然而，这些标准并不是万能的，有其自身固有的局限性，标准体系构建者应结合自身专业技术（生产、管理）的特点进行体系架构的设计。根据系统科学的基本原理，从整体出发，按照系统特征的要求把握专业技术领域的规律，对各要素及标准现状、需求进行系统地分析和优化，并按照内、外部环境的变化，及时调整、修改和完善体系架构。

PDCA 是一个管理通用模型，即管理活动可按照计划（plan）—实施（do）—检查（check）—改进（act）的科学程序持续不止地循环延续。标准体系的构建可遵循"PDCA"循环，即标准体系的"设计与构建—实施与运行—监督与评价—改进与完善"，实现标准体系的持续改进。图 1-1 所示为特高压交直流标准体系架构。

在标准体系构建过程中还有以下几个概念：

相关标准： 与本体系关系密切且需直接采用的其他体系内的标准（来源：GB/T 13016—2018《标准体系构建原则和要求》，2.9）。

个性标准： 直接表达一种标准化对象（产品或系列产品、过程、服务或管理）的个性特征的标准（来源：GB/T 13016—2018，2.10）。

共性标准： 同时表达存在于若干种标准化对象间所共有的共性特征的标准（来源：GB/T 13016—2018，2.11）。

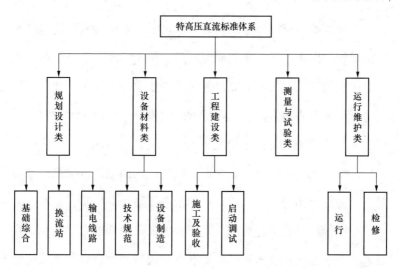

图 1-1 特高压交直流标准体系架构

每个专业标准化技术委员会（简称标委会）在组建时即应对本专业技术领域的标准体系进行深入研究，按照相关国家标准要求和专业技术特点，编制好本专业领域的标准体系框架，在标准化需求分析的基础上提出本专业技术领域的标准体系架构、厘清所需标准明细，并在实际中结合专业技术的发展与变化不断完善。通过标准体系建设指导和确定本专业一段时期内的标准化工作重点和主要任务，为标准的制定、修订工作提供指导并奠定基础。

一个标委会的标准体系应相对固化，当标准体系发生变化时，标委会应在工作会议（年会）上对标准体系的调整进行重新审议，以确保标准体系的有效性、实用性、标准之间的协调性和具有较强和现实的指导作用。

专业标委会标准体系的建设应立足于本专业技术领域对技术应用现状和发展趋势的系统研究，从而确定标准体系框架和近期标准研制的重点与方向；立足于对本专业电力工业生产和运行状况进行深入调查研究，以确保标准的编制符合电力生产的实际需要；立足于对国内外标准情况和本专业现行电力标准进行全面的分析，按照"简化、统一、协调、优化"的原则，以提高标准质量、增强标准指导性为目的，对标准进行整合。

企业标准体系的建设应立足于围绕满足企业的方针目标，在对本企业产品实现全过程、管理业务全流程、岗位设置全系统的分析和研究的基础上，在识别分析企业应满足的企业适用的法律法规和国家、行业和上级企业各项要求的基础上，在对企业现行的管理水平、标准化水平、人员构成、企业环境、上下游企业与合作伙伴需求等情况进行认真梳理后，开展标准体系的研究和编制。同时，根据企业内外部环境（要求）变化及企业发展需求等因素，对企业标准体系进行及时适时地修订，确保企业标准体系的适宜性、有效性和对企业生产、经营、管理活动的指引。

第三节　标　准　化

一、标准化的定义

国际标准化组织（ISO）对标准化的定义：标准化（standardization）是指为了在一定范围内获得最佳秩序，对现实的或潜在的问题制定共同的、重复使用的规则的活动。

注 1：上述活动主要包括编制、发布和实施标准的过程。

注 2：标准化主要作用在于为了其预期的改进产品、过程或服务的适
用性，防止贸易壁垒，并促进技术合作。

GB/T 20000.1—2014 中 3.1 给出的标准化的定义：标准化是
指为了在既定范围内获得最佳秩序，促进共同效益，对现实问题
或潜在问题确立共同使用和重复使用的条款，以及编制、发布和
应用文件的活动。

注 1：标准化活动确立的条款，可形成标准化文件，包括标准和其他标
准化文件。

注 2：标准化的主要效益在于为了产品、过程或服务的预期目的改进它
们的适用性，促进贸易、交流及技术合作。

通过上述定义可知，标准化是一项活动，是编制、发布和实
施标准的系统过程，标准是标准化这一活动所产生的"产品"。

由于人们对客观世界的认知是无限的，在标准上的体现是深
度上（技术要求）无止境，广度上（标准覆盖领域）无极限，导
致了标准化动态性的特点，也使标准化没有最终成果。

标准化的效果只有当标准在实践中得以实施和应用才能体现
出来，标准实施的越广泛、认可度越高，标志着该标准的作用或
影响越大。

标准化的本质特征是统一，通过标准化活动，达到对标准所

确定的内容的共同理解和统一是标准化活动开展的重要目的。

标准化是相对的,任何标准化的事物和概念都可能随时代的更替、技术的发展、条件的变化、认知的深入,突破原有的规则而成为非标准(标准废止)。

标准化作用的产生或发挥来自标准条款的共同使用或重复使用。没有共同使用和重复使用,再"科学合理"的标准也不能产生作用或效果;反之,共同使用和重复使用的频数越多,标准化作用或效果也越大。

二、标准化对象

标准化对象(subject of standardization):需要标准化的主题(来源:GB/T 20000.1—2014,3.2)。

注1:本部分使用的"产品、过程或服务"这一表述,旨在从广义上囊括标准化对象,宜等同地理解为包括诸如材料、元件、设备、系统、接口、协议、程序、功能、方法或活动。

注2:标准化可以限定在任何对象的特定方面,例如,可对鞋子的尺码和耐用性分别标准化。

简单地说,标准化对象即是实际与潜在的重复出现的基准、物体、动作、过程、方式、方法、容量、功能、性能、配置、状态、义务、权限、责任、行为、态度、概念、想法或活动(岗位)等,是制定标准前所需要分析和研究的主题内容,主题内容的确定有两个前提:一个是重复发生;另一个是共同使用,而且，主题内容所覆盖（应用）的范围形成了确定这一标准的范围（国家标准、行业标准、团体标准、企业标准）。"一组相关的标准化对象"通常称为标准化领域，如某一专业标准化技术委员会所开展的该专业技术领域的标准现行与发展需求的研究内容，是该专业标准化技术委员会标准研编的前提；某一企业为了组织生产、经营和管理而开展的必要的标准化活动，是企业进行梳理和编制的技术标准、管理标准、岗位标准等标准化文件的基础。

三、标准化衍生物

为鼓励电力标准化成果多样性，发挥标准在电力工业领域中的技术支撑作用，2020 年 6 月，中电联印发了《电力标准衍生物管理规定》（中电联标准〔2020〕101 号），推动电力标准衍生物的研发与应用。电力标准衍生物是指除标准文本以外的与标准相关的文件，包括但不限于标准体系表、标准化发展路线图、标准汇编、技术标准白皮书、以及标准技术条款相关的技术（测试）报告等。电力标准衍生物形式多样，表现方式各异，可为纸质、电子或其他。专业标准化技术委员会和相关机构，可根据实际需求研究其适宜的标准衍生物成果。

（一）标准化技术路线图

技术路线图（technology roadmap）最早应用于企业的技术发展规划，并于 20 世纪 90 年代末开始用于政府规划，是在对技术发展趋势和市场需求进行深入研究的基础上，对该技术未来应用的展望与走向的指引。技术路线图是应用简洁的图形、表格、文字等形式描述技术变化的步骤或技术相关环节之间的逻辑关系，它能够帮助使用者明确该专业技术领域的发展方向和实现目标所需的关键技术，厘清产品和技术之间的关系。它包括最终的结果和制定的过程。技术路线图具有高度概括、高度综合和前瞻性的基本特征。

标准化技术路线图是一个过程工具，并将其统一到预期目标上来，针对某一专业技术领域进行深入、扎实的分析后，综合各种利益相关方的观点和认知，对该专业技术领域标准化现状、需求及发展趋势进行系统充分地剖析，从而提出该专业技术领域标准化工作的重点、难点和关键点，为该专业技术领域未来标准化的发展方向、发展程序、发展能力和发展目标提供广泛的认识与指引。

电力标准化技术路线图是系统梳理某一专业技术领域标准化工作任务、目标和时间节点，研究提出标准化发展路线图，为标准各利益相关方提供权威参考。

我国电力行业自 2016 年起就开展了这方面的探索，目前，在电动汽车充电设施、高压交（直）流等专业技术领域已率先开展了标准化技术路线图的研究和编制。图 1-2 所示为特高压交（直）流标准化技术路线图。

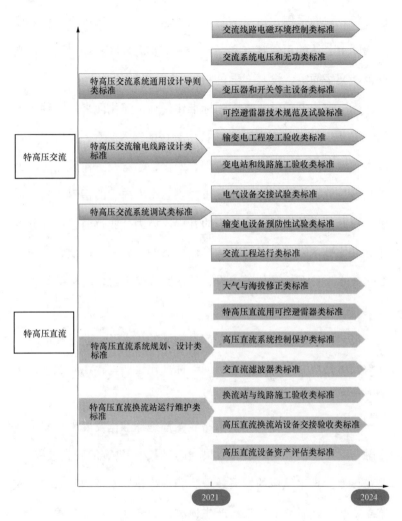

图1-2 特高压交（直）流标准化技术路线图

（二）标准白皮书

白皮书（white paper）通常是指具有权威性的报告书或指导

性文件，封面采用白色，内容用以阐述、解决或决策。白皮书作为国际上公认的正式官方文书，讲究事实清楚、立场明确、行文规范、文字简练，没有文学色彩。

标准白皮书是近年来国际标准化活动中演化而来的一种标准（文件）形式，通过对某一专业技术领域的深入研究，提出该专业技术领域标准发展的背景、过程、变化、趋势及工作重点等，为未来该专业技术领域标准化需求提供一个方向性的指引，从而促进该专业技术领域标准化工作的开展。电力行业目前已在部分专业标准化技术委员会开展了标准白皮书的探索工作，配合专业标准化技术委员会标准体系建设、技术路线确定等，为标准化技术委员会的发展提供了很好的引导。

电力标准白皮书关注新兴前沿领域的技术及产业发展情况，分析技术路线、国内外产业格局、标准化进展、存在问题等，预测发展趋势并提出产业发展建议。

标准白皮书和标准化技术路线图都是标准化发展中与相关技术融合而产生出来的标准化成果。在开展这些内容的研究过程中，要与该专业技术领域的发展、现状和趋势建立紧密的联系和对应关系，从而使研究的成果不产生偏离，为未来该专业技术领域的标准需求提供指导。随着时间的推进和技术的发展，标准白皮书和标准化技术路线图也应不断地修正和完善，从而能够更加准确、高效地为该专业技术领域的标准化发展服务。

（三）技术（测试）报告

技术（测试）报告是一类重要的标准化衍生物，是对标准应用效果与存在问题的可能性进行验证的技术文件；其作用主要有三个方面：①分析提出某一专业技术领域新的技术路线方案，为标准的制定提供依据；②针对标准在编制过程中的一些测试、试验验证而产生的技术（测试）报告，为标准的完善提供支撑；③在标准发布后的实施过程中将标准确定的技术指标与实际进行比对、测试、试验验证和分析形成的报告，为标准的实施和进一步改进、修订提供依据或证明性材料。常见电力标准衍生物类型、定位与作用见表1-1。

表1-1 常见电力标准衍生物类型、定位与作用

类型	标准体系表	标准汇编	标准化技术路线图	标准白皮书	技术（测试）报告
定位作用	标准体系表是指一定范围标准体系内的标准，按特定形式排列起来的图表。标准体系表包括标准体系结构图、标准体系明细表、标准统计表和编制说明等	由单个标准或多个标准衍生或组成的标准文本	系统梳理某一专业技术领域标准化工作任务、目标、重要程度、制修订的急缓程度及时间节点，研究提出标准化发展路线图，为标准各利益相关方提供权威参考	关注新兴前沿领域的技术及产业发展情况，分析技术路线、国内外产业格局、标准化进展、存在问题等，预测发展趋势并提出产业发展建议	分析提出某一专业技术领域新的技术路线方案，为标准的制定提供依据；针对标准实施过程中技术指标的比对测试和试验验证，并分析形成报告

续表

类型	标准体系表	标准汇编	标准化技术路线图	标准白皮书	技术（测试）报告
示例	《电力标准体系表》 ……	《标准手册》 《标准汇编》 《电力工程建设强制性标准条文汇编》 ……	《中国电动汽车标准化工作路线图》 ……	《电动汽车无线充电产业发展白皮书》 《电力储能产业发展白皮书》 ……	《电动汽车大功率充电技术发展报告》 《电动汽车互操作性测试报告》 ……

第二章 标准化法规

第一节 《中华人民共和国标准化法》

一、标准化法规发展历程

1962 年 11 月，国务院发布《工农业产品和工程建设技术标准管理办法》，这是新中国成立以来第一项有关标准化的制度；1979 年 7 月，国务院发布《中华人民共和国标准化管理条例》，这是新中国成立以来第一部有关标准化的规章；1988 年 12 月 29 日，第七届全国人民代表大会常务委员会第五次会议通过了《中华人民共和国标准化法》（简称《标准化法》）（1989 年 4 月 1 日实施），这是新中国成立以来第一部有关标准化的法律。1990 年 4 月，国务院发布《中华人民共和国标准化实施条例》，从而把标准化工作纳入法制管理的轨道，体现了改革开放的总方针，确立了我国标准化管理的基本模式；同年 8 月，国家技术监督局发布《企业标准化管理办法》，分别对企业标准的制定、企业产品标准的备案、企业内各类标准的实施和企业标准化管理做出具体明确的规定。《标准化法》自发布以来，各专业技术领域标准化法规和规章不断完善，形成日渐完备的标准化法律体系。

然而，《标准化法》实施 30 多年来，随着国民经济建设与发展，已有多种不适应，例如，计划商品经济体制下的标准化影响依然存在，国家标准体系庞大，但存在结构性问题，政府单一供给，市场缺乏应有作用，标准间交叉重复矛盾、缺失滞后老化现象突出等。

事实上，《标准化法》的修订工作自 2002 年就已启动。修订期间，于 2006 年和 2011 年两次报国务院法制办，但由于各部门间的意见不统一，修订草案始终未能提交国务院常务会议审议。2015 年 7 月 30 日，修订草案在进一步完善后，第三次上报国务院法制办。2017 年 2 月 22 日，经国务院第 165 次常务会议审议通过草案；4 月 24 日，第十二届全国人民代表大会常务委员会首次审议；5 月 16 日，全国人民代表大会在网上向社会公开征求意见，并同时书面征求国务院各部门、地方人民政府的意见；8 月 28 日～9 月 1 日，全国人民代表大会常务委员会第二次审议；9 月 5 日，全国人民代表大会在网上再次向社会公开征求意见；11 月 4 日，第十二届全国人民代表大会常务委员会第三十次会议表决通过新修订的标准化法，同日，习近平主席签署第 78 号主席令，发布了新修订的《中华人民共和国标准化法》，该法于 2018 年 1 月 1 日起正式实施。

从《标准化法》产生历程来看，我国标准化工作的法治化建设紧随着时代的发展而发展：

◆ 1979 年，确立了国家标准、部（专业）标准和企业标准三级体系，标准一经批准发布，就是技术法规。

◆ 1989 年，确立了国家、行业、地方和企业标准四级体系，标准分为强制性和推荐性。

◆ 2017 年，政府标准和市场标准，只设强制性国家标准一级。

二、标准化法主要内容

2017 年 11 月 4 日颁布的《标准化法》（简称新法）与前版相比，发生了较大变化，新法共六章、45 条，分别为：

第一章 总则（9 条）

第二章 标准的制定（15 条）

第三章 标准的实施（7 条）

第四章 监督管理（4 条）

第五章 法律责任（8 条）

第六章 附则（2 条）

新法较之前版，内容上更加丰富，表述上更加细致，操作性更强。具体体现在以下 16 个方面：

（1）扩大了标准范围。将标准范围扩大到农业、工业、服务业及社会事业等领域需要统一的技术要求。

（2）设置标准化协调机制。国务院批复建立国务院标准化协调推进部际联席会议制度，成员单位包括外交部、发展改革委、工信部等 39 个部门，设区的市级以上地方人民政府可以根据工作需要建立标准化协调机制。

（3）鼓励积极参与国际标准化活动。除采用国际与国外先进标准外，鼓励开展标准化对外合作与交流，参与制定国际标准及推进中国标准与国外标准间的转化运用。

（4）建立标准化奖励制度。对在标准化工作中做出显著成绩的单位和个人，按照国家有关规定给予表彰和奖励。

（5）加强强制性标准的统一管理。将强制性国家、行业、地方标准整合为强制性国家标准一级。

（6）赋予设区的市标准制定权。将地方标准制定权下放到设区的市。

（7）发挥技术委员会的不同作用。新法对强制性标准和推荐性标准提出了不同的要求，范围较广的"全国专业标准化技术委员会"（TC），可下设分技术委员会（SC）。

（8）完善标准制定要求。对标准制定各环节提出了详细要求，从标准计划立项前的研究、立项、制定过程、编号、批准发布后等全过程提出了要求。

（9）明确政府标准免费公开。强制性标准文本免费向社会公开，推动推荐性标准文本免费向社会公开。

（10）赋予团体标准法律地位。国家鼓励学会、协会、商会、联合会、产业技术联盟等社会团体协调相关市场主体共同制定满足市场和创新需要的团体标准。

（11）建立企业产品和服务标准自我声明公开和监督制度。建立企业产品和服务标准自我声明公开和监督制度，鼓励企业执行的产品标准或服务标准通过统一平台向社会公开。

（12）促进标准化军民融合。提升军民标准通用化水平，积极推动在国防和军队建设中采用先进适用的民用标准，将先进适用的军用标准转化为民用标准。

（13）增设标准实施反馈评估制度。制定标准的部门应当建立标准实施信息反馈和评估机制，建立标准实施信息反馈、评估和复审机制。

（14）建立标准化试点示范制度。试点示范建设，是我国标准化实践证明行之有效的标准实施推广手段，县级以上人民政府应当支持开展标准化试点示范和宣传工作。

（15）强化对标准化工作的监督制度。对标准制定环节不符合标准制定原则、程序和强制性标准的情形规定了法律责任。

（16）加大违法行为处罚力度。设置更多法律责任，涵盖全部标准制定主体，涉及标准制定、实施各方面。

第二节　《能源标准化管理办法》

一、《能源标准化管理办法》产生的背景

在我国，长期以来标准化工作一直是政府的一项重要职责，1984 年水利电力部印发《水利电力部标准化管理条例》，为我国电力工业开展标准化工作最早的规章。以后随着政府机构的调整，

电力工业的行政管理部门也发生了多次变化，1993 年能源部撤销并恢复电力工业部，电力工业部组建伊始即于 1994 年初发布第 1 号部令《电力工业部标准化管理办法》，明确电力行业标准化工作的各项内容与要求。世纪交替之际，我国电力工业改革的深化到了实操阶段，彼时电力工业部撤销，电力工业行政管理职责纳入国家经济贸易委员会。1999 年 6 月 16 日，国家经济贸易委员会发布第 10 号令《电力行业标准化管理办法》。2008 年，根据第十一届全国人民代表大会的决议设立国家能源局，统筹我国电力、煤炭、石油天然气、新能源和可再生能源，以及能源节约和装备的宏观管理职能。为推动能源领域标准化工作，2009 年 2 月 5 日，国家能源局印发了《能源领域行业标准化管理办法（试行）》，其适用于石油、天然气、煤炭、煤层气（煤矿瓦斯）、电力（常规电力）、燃料（炼油、煤制燃料和生物质燃料）、核电、新能源和可再生能源、能源节约和资源综合利用、能源装备等领域，并明确了能源领域行业标准化管理机构。2013 年 3 月，《国务院机构改革和职能转变方案》审议通过，将国家能源局、国家电力监管委员会的职责整合，重新组建国家能源局，由国家发展和改革委员会管理；不再保留国家电力监管委员会。国家标准化深化改革和新修订的《标准化法》发布实施后，国家能源局组织对《能源领域行业标准化管理办法（试行）》进行了修订，并于 2019 年 4 月 18 日，以国能发科技〔2019〕38 号文件，印发《能源标准化管理办法》及实施细则。

二、《能源标准化管理办法》的主要内容

《能源标准化管理办法》共五章二十七条。第一章"总则"共六条，给出了《能源标准化管理办法》的制定依据、领域、适用范围、原则等。第二章"标准化管理"共四条，明确了国家能源局、行业标准化管理机构、专业标准化技术委员会的工作职责与要求。第三章"标准的制定"共五条，给出能源标准制定原则、要求、程序和标准文本公开的要求等。第四章"标准的实施、监督和奖励"共七条，对标准的实施、应用、信息反馈和评估、解释、奖励和监管等要求进行了明确。第五章"附则"共五条，明确了标准制定经费的来源与使用要求，代替并废止《能源领域行业标准化管理办法（试行）》及《能源标准化管理办法》的解释权。

《能源标准化管理办法》是我国能源领域行业标准化工作的重要依据性文件。国家能源局为使该办法便于实施，同时还颁布了《能源行业标准管理实施细则》，进一步细化了能源领域标准化工作的要求。《能源行业标准管理实施细则》共十章四十二条十三个附表，对能源行业标准的定位、计划立项、起草、审查、报批、审批和发布、复审、修订等全过程进行阐述和提出要求，并给出了参考的各类表格样式，为能源行业标准的产生与不断完善提供了指引。

第三节 《电力专业标准化技术委员会管理细则》

一、《电力专业标准化技术委员会管理细则》产生的背景

电力专业标准化技术委员会是电力工业开展标准化活动的重要技术力量，1981 年，电力工业部批准成立的电力工业部避雷器标准化技术委员会为电力行业设立专业标准化技术委员会的发端。随后，根据电力工业发展和标准化需求，以及新技术、新材料、新装备、新工艺等在电力工业的推广应用，数十个电力专业标准化技术委员会陆续组建成立。专业标准化技术委员会的组建为电力工业标准化建设提供了专业化的技术组织保障。

2001 年 8 月 7 日，中电联根据《电力行业标准化管理办法》（国家经济贸易委员会令第 10 号）和电力专业标准化技术委员会发展的需要，以及国家标准化管理的有关文件要求，编制并印发了《电力行业专业标准化技术委员会章程》（中电联标准〔2001〕30 号），其发布实施促进了电力专业标准化技术委员会规范化管理。2013 年 2 月 15 日，中电联根据国家标准化管理要求的变化和电力专业标准化技术委员会管理工作的新需求，修改并重印了《电力专业标准化技术委员会管理细则》（中电联标准〔2013〕173 号），代替并废止了《电力行业专业标准化技术委员会章程》。随着 2017 年《标准化法》的修订、颁布与实施，我国标准化工作进一步改革深化，中电联团体标准试点工作的开展，以及电力专业

标准化技术组织的发展变化及工作需求，中电联再次对《电力专业标准化技术委员会管理细则》进行修订，并于 2020 年 2 月 24日以"中电联标准〔2020〕28 号"文件的形式印发代替了 2013年版的《电力专业标准化技术委员会管理细则》。

二、《电力专业标准化技术委员会管理细则》的主要内容

《电力专业标准化技术委员会管理细则》共八章四十四条八个附表。第一章"总则"共四条，对《电力专业标准化技术委员会管理细则》编制的依据、适用范围、标委会定位、工作职责等进行了说明。第二章"标委会组建"共十一条，明确了标委会组建原则、条件、秘书处挂靠单位的条件，成立新标委会应提交的申报材料、组建流程、标委会编号，以及成立分技术委员会、工作组的相关要求等。第三章"标委会换届"共两条，明确了标委会届期、换届时需要提交的材料及中电联审核职责。第四章"标委会调整"共五条，明确了调整原则、需提交的材料、审核等内容，并对标委会日常工作的监管、标委会秘书处的调整、变更等提出了要求。第五章"分技术委员会的组建、换届和调整"共五条，对分技术委员会的设立原则、组建方法、人员构成、职责范围和编号等进行了明确。第六章"标委会组成"共九条，明确了标委会的构成、人数、委员条件、委员职责、主任（副主任）委员条件、秘书长（副秘书长）条件和顾问、联络员的设立原则。第七章"工作任务"共六条，对标委会工作的任务与内容、年会及相

关内容、届期内的工作要求等进行了规定。第八章"附则"共两条，明确了实施日期、代替文件和解释机构。八个附表对由不同机构管理的标委会组建申请、委员登记、调整和年度工作报表等进行了规范。

第四节 《中国电力企业联合会标准管理办法》和《中国电力企业联合会标准制定细则》

一、文件编制的背景

2015 年年初，国务院召开常务会议研究我国标准化深化改革，确定开展团体标准试点工作，加快修订《标准化法》的工作进程。为落实会议精神和要求，国家标准化管理委员会启动了团体标准试点工作。中电联作为国家标准化管理委员会认定的首批团体标准试点单位，开启了中电联团体标准的研发和编制工作。

2015 年年底，中电联六届一次会议在北京召开，会议研究审定了《中国电力企业联合会标准管理办法》《中国电力企业联合会标准制定细则》等相关文件。2016 年 3 月，以"中电联标准〔2016〕62 号"文件的形式印发了《中国电力企业联合会标准管理办法》和《中国电力企业联合会标准制定细则》。2020 年 2 月，中电联又组织对《中国电力企业联合会标准制定细则》进行了修订和完善。

二、文件的主要内容

《中国电力企业联合会标准管理办法》共五章二十一条。第一章"总则"共六条，描述了制定该办法的依据，明确了中电联标准的性质、原则、编号等要求。第二章"组织机构和职责"共四条，明确中电联标准化管理中心是中电联团体标准的组织管理机构，其可根据需要，设立专业标准化技术委员会，中电联专业标委会与电力领域的全国标委会、行业标委会均是电力标准的技术归口组织。第三章"制定流程"共四条，明确了中电联标准制定的流程要求、立项时间和编制时限等内容。第四章"标准发布"共三条，明确中电联标准审核、审定和发布形式等。第五章"附则"共四条，阐述了中电联标准编制经费的筹集、版权等信息及《中国电力企业联合会标准管理办法》的实施时间和解释机构。

2020年2月，中电联根据中电联标准化工作开展的实际情况，以"中电联标准〔2020〕30号"文件的形式，对《中国电力企业联合会标准制定细则》进行了重新修订，共七章二十四条三个附表，是中电联标准制定的依据性文件。第一章"总则"共三条，描述了该细则制定的依据、适用范围及管理归口。第二章"立项"共三条，描述了中电联标准计划项目的提出、审定和批准的组织及其立项应报送的材料等。第三章"起草"共七条，对中电联标准的编写过程、格式要求、征求意见期限（不少于30日）与形式、标准编制说明的相关内容等进行了规定。第四章"审查"共三条，对标准审查的组织、审查的内容、审查的要求等进行了规定。第五章"报批及发布"共四条，对中电联标准的报批要求、材料、审核及发布进行了约定。第六章"复审、修订"共两条，对复审的组织、周期、结论和修订方式进行了约定。第七章"附则"共两条，给出了《中国电力企业联合会标准制定细则》的实施日期和解释机构。三个附表分别用于中电联标准的计划申报、意见征询处理和标准报批。

第五节 《电力企业标准化良好行为试点及确认管理办法》

一、《电力企业标准化良好行为企业试点及确认管理办法》制定的背景

为促进我国企业适应市场经济转型，推动我国企业管理水平的全面提升，帮助企业建立现代管理制度，1986 年 7 月 4 日，国务院印发了《国务院关于加强工业企业管理若干问题的决定》（国发〔1986〕71 号），文件中明确："加强企业管理基础工作，加快企业管理现代化的步伐，逐步建立起以技术标准为主体，包括工作标准和管理标准在内的企业标准化系统。" 为落实文件要求，当时的国家标准总局开展了企业标准化工作的研究，并于 1995 年颁布了《企业标准体系》系列国家标准，即 GB/T 15496—1995《企业标准化工作指南》、GB/T 15497—1995《企业标准体系 技术标准体系的构成和要求》和 GB/T 15498—1995《企业标准体系 管理标准工作标准体系的构成和要求》。同时，在全国开展企业标准

体系评价活动。2003 年，这一系列标准被修订，并增加了 GB/T 19273—2003《企业标准体系 评价与改进》纳入该系列标准，使之形成闭环。同时，国家标准化管理委员会将原标准体系评价活动调整为"标准化良好行为企业"确认活动。

电力工业体制改革后，电力企业开始了自主经营并对国有资产保值增值的企业运作模式，建立现代企业制度也成为电力企业转型的必由之路。标准化作为企业的重要基础性工作，也成为电力企业日益关注的重点。为了推动电力企业按照国家标准要求开展标准化活动，中电联开展了在电力企业开展标准体系建设的推动与评价工作的探索，并进行广泛深入调研。而在该时期成立的电力监管委员会也在进行相关研究。于是，在电力行业开展标准化良好行为企业确认成为电监会和中电联的共识，并与国家标准化管理委员会共同研究和充分沟通后，在广泛征询电力企业意见的基础上印发了《电力企业标准化良好行为试点及确认管理办法》（国标委农轻联〔2006〕25 号）。

二、《电力企业标准化良好行为试点及确认管理办法》的主要内容

《电力企业标准化良好行为试点及确认管理办法》共六章二十四条。第一章"总则"共五条，明确标准化良好行为企业是指按照《企业标准体系》系列国家标准及电力行业相关标准要求，运用标准化的原理和方法，建立健全以技术标准为主体，包括管理标准和工作标准在内的企业标准体系，并有效运行；生产经营等各个环节已经初选标准化管理，且取得良好的经济效益和社会效益的企业。确认工作是判定企业是否符合国家标准和电力行业相关标准的要求，以及企业标准化工作是否满足企业需要的客观评价活动。第二章"试点申报"共三条，明确该活动的原则是"企业自愿、市场推动、政府引导"和良好行为企业共分 A、AA、AAA 和 AAAA 四级。第三章"确认申请及受理"共两条，明确企业申报的基本条件和受理申报的机构。第四章"确认"共六条，明确确认工作专家组的组建、构成，现场确认工作的开展、确认文件的内容，以及确认结果的处置等。第五章"监督管理"共四条，明确异议的处置、申诉、整改及处置等。第六章"附则"共四条，明确确认标志的使用，办法的解释和实施日期。

三、《电力企业标准化良好行为试点及确认管理办法》后续的变化情况

《电力企业标准化良好行为试点及确认管理办法》自颁布后，正式在电力行业开展标准化良好行为企业的确认工作，电力企业踊跃参与其中，设计、施工、发电、电网、科研及装备制造等各类企业均有参与，企业覆盖全国各省、自治区、直辖市。国家电监会与国家能源局工作整合后，专门行文给中电联明确继续支持这项工作在电力行业的开展，并委托中电联具体负责。2017 年，《企业标准体系》系列国家标准第二次修订后发布，在原标准基础

上增加了 GB/T 35778—2017《企业标准化工作　指南》，并将技术标准、管理标准和工作标准调整为《企业标准体系　要求》《企业标准体系　产品实现》和《企业标准体系　基础保障》，同时，在国家层面上标准化良好行为企业的评级也从原四级调整为五级。为此，中电联根据国家标准变化情况，结合电力企业生产、经营和管理工作的特点，在总结前期开展标准化良好行为企业创建和评价活动的基础上，修订并颁布了 DL/T 485—2018《电力企业标准体系表编制导则》等电力行业标准，并组织行业内外专家编制团体标准 T/CEC 181—2018《电力企业标准化工作　评价与改进》。依据《电力企业标准化良好行为试点及确认管理办法》确定的原则和 T/CEC 181—2018 的具体评分细则，在电力行业继续开展电力企业标准化良好行为的创建和评价活动。电力企业标准化良好行为企业评价活动得到有关政府部门的高度认可和广大电力企业的积极参与，推动了电力企业标准化工作水平的整体提升。

第三章 电力标准化管理体制

第一节 电力标准化组织架构

一、国家标准化管理委员会

国家市场监督管理总局对外保留国家标准化管理委员会牌子，是国务院标准化行政管理机构，统一管理全国标准化工作。以国家标准化管理委员会名义，具体负责：

◆ 下达国家标准计划；

◆ 批准发布国家标准；

◆ 审议并发布标准化政策、管理制度、规划、公告等重要文件；

◆ 开展强制性国家标准对外通报；

◆ 协调、指导和监督行业、地方、团体、企业标准工作；

◆ 代表国家参加国际标准化组织、国际电工委员会和其他国际或区域性标准化组织；

◆ 承担有关国际合作协议签署工作；

◆ 承担国务院标准化协调机制日常工作。

二、住房和城乡建设部

住房和城乡建设部是国务院授权履行工程建设领域标准化行政管理职能，统一管理全国工程建设标准化工作，具体日常工作由住房和城乡建设部设标准定额司负责，该司的主要职责：

◆ 组织拟订工程建设国家标准、全国统一定额、建设项目评价方法、经济参数和建设标准、建设工期定额、公共服务设施（不含通信设施）建设标准；

◆ 拟订工程造价管理的规章制度；

◆ 拟订部管行业工程标准、经济定额和产品标准，指导产品质量认证工作；

◆ 指导监督各类工程建设标准定额的实施；

◆ 拟订工程造价咨询单位的资质标准并监督执行。

电力（国家、行业）标准中工程建设领域的标准约占电力标准总量的 30%，其中包括规划、勘测、设计、施工、工程验评及部分安装标准，是电力标准的重要组成部分。

三、国家能源局

国家能源局是国务院授权履行能源行业标准化行政管理职能，负责能源领域行业标准的归口管理机构，具体日常工作由能源节约和科技装备司负责。该司主要负责：指导能源行业节能和资源综合利用工作，承担科技进步和装备相关工作，组织拟订能源行业标准（煤炭除外）。其中标准化工作涉及的领域包括：

◆ 石油；

◆ 天然气、页岩气；

◆ 煤炭；

◆ 煤层气/煤矿瓦斯;

◆ 电力（常规电力）;

◆ 炼油、煤制燃料和生物质燃料;

◆ 核电;

◆ 新能源和可再生能源;

◆ 能源节约与资源综合利用;

◆ 能源装备。

四、中国电力企业联合会

中国电力企业联合会（简称中电联）于 1988 年由国务院批准成立，是全国电力行业企事业单位的联合组织、非营利的社会团体法人。受政府委托，是电力行业标准化管理机构之一，也是中电联团体标准化工作的管理机构。中电联内设标准化管理中心，负责电力标准化工作的日常管理，其主要工作内容包括：

◆ 组织编制电力标准体系，提出电力国家标准计划项目建议，组织编制电力行业标准规划和年度制定、修订计划;

◆ 负责电力行业专业标准化技术委员会的组建、换届和调整工作，组织、指导电力行业标准化技术委员会的工作;

◆ 负责国际电工委员会（IEC）相关技术委员会（TC）中国业务的归口工作，组织参加国际标准化活动，推动电力行业采用国际标准和国外先进标准;

◆ 审核全国标准化技术委员会和电力行业标准化技术委员会

拟订的电力国家标准和行业标准；

◆ 负责组织或授权专业标准化技术委员会选派专家代表电力行业参加其他行业有关国家标准的起草和审查工作；

◆ 管理电力标准化经费；

◆ 组织电力行业标准化服务工作，组织电力行业标准出版工作，归口管理标准成果，标准成果申报；

◆ 组织中电联团体标准的制定、修订、审查、编号、发布、备案工作，组建中电联团体标准化技术委员会并对其进行管理，开展团体标准试点。

◆ 受有关政府委托，具体负责电力行业标准的编号；

◆ 指导电力企业标准化工作，负责电力企业"标准化良好行为企业"试点及评价工作的推动与开展；

◆ 承办中华人民共和国国家标准化管理委员会、住房和城乡建设部、国家能源局等政府委托的其他标准化工作。

五、专业标准化技术委员会

《中华人民共和国标准化法》第二条明确"技术委员会是在一定专业领域内，从事国家标准起草和技术审查等标准化工作的非法人技术组织。"电力专业标准化技术委员会（简称标委会）是非法人技术组织，是开展电力标准化工作的重要力量，负责具体专业技术领域的标准化技术工作。

标委会是一个统称，是指专业标准化技术委员会（TC）、专业分技术委员会（SC）和专业标准化工作组（SWG）的总称。1978年第一个全国专业标准化技术委员会 TC1（全国电压电流等级和频率标准化技术委员会）成立，电力行业标准化专业队伍的建设始于 1981 年电力工业部批准成立电力工业部避雷器标准化技术委员会。历经 40 余年的发展，我国电力行业已形成由专业标准化技术委员会（TC）、专业分技术委员会（SC）和专业标准化工作组（SWG）构成的标委会体系。电力专业标准化技术委员会有全国、行业和中电联团体专业标准化技术委员会等的区分，是根据电力标准化的实际工作需求，由不同的机构批复组建，针对不同覆盖面而成立的。中电联在统一标委会设置，系统地开展电力标准化工作建设方面做了精心策划。

标委会的主要工作内容包括：

◆ 研究本专业技术领域标准化发展现状与趋势；

◆ 研究编制本专业技术领域标准体系，根据需求，提出本专业技术领域制修订标准项目的建议；

◆ 开展标准的起草、征求意见、技术审查、复审，以及标准外文版的组织翻译和审查工作；

◆ 开展本专业技术领域标准的宣贯和培训工作；

◆ 开展标准实施情况的跟踪、评估、研究分析；

◆ 组织开展本专业技术领域国内外标准一致性比对分析，跟踪、研究相关领域国际标准化的发展趋势和工作动态；

◆ 管理下设的分技术委员会；

◆ 承担国家、行业部署的标准化工作等。

标委会由委员构成，其委员的组成根据标委会所涉及的专业技术领域不同而有所区别，通常由与该专业技术领域有关公共利益相关方的专业人员组成，委员应有中级及以上专业技术职称。通常，一个标委会（TC）的委员人数应不少于 25 人（不宜多于 40 人），分技术委员会（SC）的委员人数不少于 15 人（不宜多于 30 人）。标委会设主任委员和秘书长各 1 人，副主任委员 2~3 人，必要时，可设副秘书长 1 人。同一单位在同一技术委员会任职的委员不应超过 3 人。主任委员和副主任委员、秘书长和副秘书长不应来自同一单位。同一人不得同时在 3 个以上技术委员会担任委员。

主任委员负责标委会全面工作，工作中应当保持公平公正立场。主任委员负责签发会议决议、标准报批文件等标委会重要文件，也可以根据工作需要委托副主任委员签发标准报批文件等重要文件。副主任委员负责协助主任委员开展工作，受主任委员委托，可以签发标准报批文件等技术委员会重要文件。秘书长负责技术委员会秘书处日常工作，秘书长的具体职责由该标委会章程予以规定，秘书长应当由秘书处承担单位的技术专家担任，具有较强的组织协调能力，熟悉本专业技术领域技术发展情况及国内外标准工作情况，且具有连续 3 年以上标准化工作经历。副秘书长协助秘书长开展工作，具体职责由该标委会章程予以规定。

标委会委员应当积极参加标委会的活动，履行以下职责：

◆ 提出标准制定、修订等方面的工作建议；

◆ 按时参加标准技术审查和标准复审，按时参加标委会年会等工作会议；

◆ 履行委员投票表决义务；

◆ 监督主任委员、副主任委员、秘书长、副秘书长及秘书处的工作；

◆ 监督标委会经费的使用；

◆ 及时反馈标委会归口的标准实施情况；

◆ 参与本专业领域国内、国际标准化工作；

◆ 参加国家、行业组织的相关培训；

◆ 承担标委会职责范围内的相关工作；

◆ 标委会章程规定的其他职责。

委员享有表决权，有权获取标委会的资料和文件。

近年来，外商投资企业（简称外资企业）参与我国标准化工作的热情持续高涨，随着国家改革开放的推进，对外资企业已不再限制，外资企业委员不同程度地参与了我国标准的预研、立项、起草、审查、修订等具体工作。

中电联受有关政府部门的委托具有指导电力专业标委会的职责。具体履行以下职责：

◆ 组织制定、实施标委会管理相关的政策和制度；

◆ 规划电力标委会整体建设和布局；

◆ 协调（批复）电力标委会的组建、换届、调整、撤销等事项；

◆ 组织电力标委会相关人员的培训；

◆ 监督检查标委会的工作，组织对标委会的考核评估；

◆ 其他与标委会管理有关的职责。

六、专业标准化工作组

专业标准化工作组又称标准工作组（简称工作组）是非常设的标准化工作技术组织，该工作组负责对某一专业技术领域的标准化工作展开分析研究和标准的研发编制工作。在正式组建专业标准化技术委员会之前宜先以标准化工作组的形式开展特定专业技术领域的标准化工作的研究与探索。

对新技术、新产业、新业态有标准化需求，但暂不具备组建技术委员会或者分技术委员会条件的，可以成立标准化工作组，承担标准制定、修订相关工作。标准化工作组不设分工作组，由中电联直接管理，组建程序和管理要求参照标委会执行。标准化工作组可设一个组长单位，具体牵头组织该工作组专业技术领域内的标准化研究，提出标准计划项目建议，编制和审查标准，对标准进行跟踪管理等。

标准化工作组根据其所涉及的专业技术领域、标准化对象，以及专业技术领域对标准化需求的不同而有差异，标准化工作组成立 2 年后，中电联组织专家对标准化工作组进行评估。具备组建技术委员会或者分技术委员会条件的，组建标委会；仍不具备组建条件的，予以撤销。

第二节 专业标准化技术委员会的工作

标委会的组建通常应先经过工作组阶段，当有切实的专业标准化需求时，再行标委会的组建工作。2021 年 2 月，国家能源局以国能发科技〔2021〕9 号《国家能源局关于进一步完善能源行业标准化技术委员会管理的通知》对能源领域的标委会的组建、管理等进一步明确，为能源领域标准化工作的有序开展提供保障。

一、专业标准化技术委员会（分技术委员会）组建

标委会的组建应根据本专业技术的发展与应用，结合电力生产管理实际需要和标准化需求开展，通常在提出组建新的标委会时，宜先行组建标准化工作组，开展专业技术领域的标准化需求分析和标准内容的深入研究。标准化工作组结合标准编制工作，提出专业技术领域标准化发展现状、趋势与需求，研究编制本专业技术领域的标准体系，与相关标委会或其他标准化技术组织的协调、合作和边界划分，提出急需制定、修订的标准项目建议及亟待解决的问题，以及该专业技术领域标准化开展的工作思路与方案、步骤、措施等。

标委会组建应当遵循发展需要、科学合理、公开公正、国际接轨的原则，并符合以下条件：

◆ 涉及的专业技术领域符合电力工业标准化发展战略、规划要求；

◆ 专业技术领域一般应与国际标准化组织（ISO）、国际电工委员会（IEC）等国际组织已设立技术委员会的专业技术领域相对应；

◆ 专业技术领域的产品或技术在科研、开发、生产、使用、流通等环节有一定的规模或应用范围，开展标准化的技术、产业和人才队伍基础良好；

◆ 拟组建的标委会业务范围与现有的相关技术委员会无业务交叉或能界定清晰；

◆ 符合公益性定位，涉及重要产品、工程技术、服务和行业管理需求的技术要求较多，标准体系框架基本明确，标准制定、修订工作量较大；

◆ 专业技术领域的企业、社会团体、教育、科研机构等市场主体对推进标准化的积极性较高，能产生适合的标委会秘书处挂靠单位，且秘书处挂靠单位具备开展标委会工作的能力和条件。

坚持协商一致原则，加强事前沟通。新的标委会的组建通常由标准化工作组的组长单位提出组建申请，申请书内容包括组建标委会的必要性，专业技术领域，本专业国内外标准化工作的情况和相关技术组织情况、工作范围，标准体系表（草案）、秘书处挂靠单位的能力说明、标委会组成方案（草案设想）等。

中电联收到新的标委会组建提案申请后，将开展相关调研和确认工作，组织公开征询各有关方意见，确有必要成立标委会的，根据组建标委会级别的意向，中电联向有关标准化主管部门（国家标准化管理委员会、国家能源局）提出申请或批复（中电联团体标委会）。

获得批复的标委会应在收到批复后由标委会秘书处挂靠单位及时启动第一届标委会的组建，标委会的组建方案应符合《电力专业标准化技术委员会管理细则》的相关要求。标委会根据实际工作需要，可设顾问委员、单位委员、观察员等，这些成员原则上不应多于标委会委员总人数的 1/5，并应有具体可行的管理办法明确其职责、义务和权力。标委会委员的构成应具有广泛的代表性，充分考虑和兼顾本标委会专业技术领域的科研、制造、应用和不同电力集团、地域等的代表。标委会秘书处应于批复后 3 个月内将第一届标委会的组建方案草案（申请文件、标委会委员及成员名单、委员登记表等）报中电联审核。同时，标委会还应提交标委会章程、秘书处工作细则等相关制度文件。

标委会章程包括但不限于以下内容：

◆ 标委会工作原则、专业技术领域（范围）、任务；

◆ 标委会工作程序；

◆ 秘书处职责；

◆ 委员（顾问、单位委员等）的任职条件、职责、义务和权力；

◆ 经费的筹措、管理与使用等。

标委会秘书处工作细则包括但不限于：

◆ 总则（依据、指导思想、工作目的、主要职责等）；

◆ 工作任务（委员管理、计划管理、会议筹备与组织、档案管理、经费管理、文件管理、标准跟踪等）；

◆ 工作制度（日常工作、工作人员职责与任务）；

◆ 秘书处工作人员条件和职责；

◆ 财务制度（经费筹措、使用、报告等）；

◆ 附则等。

新的标委会组建方案批复后，标委会秘书处应及时组织召开标委会一届一次会议。一届一次会议的主要内容包括但不限于：

◆ 宣读标委会成立批复文件；

◆ 颁发标委会委员证书；

◆ 审定标委会章程、秘书处工作细则、标准体系等文件；

◆ 研究标委会近期工作重点和标准计划；

◆ 审查标准等。

根据会议审议的结论，标委会秘书处应将标委会章程、秘书处工作细则、标准体系等文件进行修改完善后与会议纪要等文件一并于标委会一届一次会议结束后的 1 个月内报中电联备案。新成立的分技术委员会应同时报标委会。

二、专业标准化技术委员会换届

每届标委会任期 5 年,任期届满(以批复组建文件为准)应及时开展换届。

标委会届满前,标委会秘书处应当启动标委会的换届工作程序,制定标委会换届方案,与各主任委员、秘书长和现任委员进行交流沟通等。换届方案应对在本届标委会各项活动中参与工作不积极的委员提出更换建议,因退休、工作调动等原因今后不便参与标委会活动的委员提出调整和更换委员的建议,拟纳入标委会的新委员建议等。对拟纳入为标委会的新委员,应提前进行沟通,告知本标委会的工作任务、委员要求等。标委会委员的征集要公开公正,确保委员组成、委员人数、委员条件等符合有关规定。新一届标委会全体委员应填报委员登记表。在标委会届满前 3 个月将换届方案及相关材料报送中电联。材料包括但不限于:

◆ 换届方案申请书;

◆ 标委会基本信息表;

◆ 标委会委员名单及登记表;

◆ 标委会章程(修订稿)草案;

◆ 秘书处工作细则(修订稿)草案;

◆ 标准体系框架及标准体系表（修订稿）草案；

◆ 本届工作计划草案；

◆ 上届标委会工作总结。

全国标委会的换届应中电联审核后，由标委会秘书处在"国家标准化业务管理平台"网站上进行相关内容的填报。

三、专业标准化技术委员会委员调整

标委会组建后委员应按照标委会章程和相关管理办法的要求认真履行委员职责，积极参与标委会活动。

根据工作需要，经标委会全体委员表决，标委会可以提出委员调整的建议，委员调整原则上每年不应多于一次，每次调整不应超过委员总数的1/5。

中电联审核委员调整后，履行相关手续对标委会委员调整进行批复。

四、青年专家

为完善电力标准化人才梯次培育体系，培养和造就一批适应标准化改革形势发展和电力工业生产需求的电力标准化青年专家队伍，中电联于2020年5月印发了《青年专家参与电力标准化工作管理办法》（中电联标准〔2020〕97号），通过青年专家队伍的建设，鼓励青年专家参与到电力专业标准化技术委员会中来，学习标准化知识、了解电力标准动态和研发过程、审定方法等，通过一段时间的培养，使有志于电力标准化工作的青年，成为具备电力专业知识和标准化知识及能力的复合型人才。青年专家由中电联会员单位推荐、标委会审核、中电联标准化管理中心最终认定。其基本条件是：

◆ 年龄在 35 周岁以下，具有中级及以上技术职称，或者具有与中级及以上技术职称对应职务的在职人员；

◆ 从事本专业工作 5 年以上；

◆ 具有较好的文字水平和外语水平，大学英语六级以上或取得其他相应英语水平证书；

◆ 在电力生产、建设、试验、科学研究等工作中取得突出成绩。

五、分技术委员会的设立

组建分技术委员会，应当符合以下条件：

◆ 在所属标委会的业务范围内，业务界面明晰；

◆ 有明确标准体系框架，技术归口的标准或标准计划项目不少于 10 项；

◆ 有国际对口技术委员会的，原则上应当与国际对口保持一致。

标委会组建分技术委员会的建议,应当经全体委员表决通过。同意组建的，标委会秘书处制定组建方案，经全体委员审定后报中电联进行审核，组建方案经中电联同意后，中电联向有关标准化主管部门申报，批复后，由标委会公开征集委员。

第三节　专业标准化技术委员会日常工作

标委会秘书处是标委会日常工作机构，负责标委会工作的组织、协调、计划的管理、标准的跟踪、委员的交流与沟通、标委会日常事务处理，以及本专业技术领域发展的跟踪与研究等一系列工作，标委会工作的好坏与秘书处的工作关系重大。

标委会秘书处日常工作主要包括但不限于以下内容：

◆ 按照本专业技术领域的标准体系并结合电力生产建设与技术发展实际，每年对本标委会标准体系进行完善，提交标委会年会审定。

◆ 根据标准体系、本专业技术领域的发展和电力生产建设需求，提出标准编制、修订计划建议。

◆ 对有关单位提出的标准计划项目建议进行审核并提交标委会委员进行研讨，最终形成年度标准制定、修订计划建议。

◆ 对下达的标准计划项目的编制过程进行跟踪、监管，建立标准计划执行的落实机制，督促并指导标准计划项目承担单位按照标准编写质量与进度要求完成标准草案的编制任务。

◆ 协调标准计划项目在编制过程中可能遇到的各种问题，必要时提交标委会工作会议审议。

◆ 组织标准征求意见稿的意见征集及其处理，组织标准送审稿的审查；对标准报批稿进行形式审查，整理标准报批所需的各相关文件，并按照标准报批要求进行标准报批。

◆ 组织对新颁标准宣贯教材的编制，开展标准宣贯与推广。

◆ 对新颁标准应用情况进行跟踪，收集各方在标准使用过程中的意见，对标准内容进行释疑。

◆ 收集标准发布实施、执行中的信息，组织标准的复审并整理复审结论，按要求将标准复审结论进行上报。

◆ 组织和筹办标委会工作会议，总结标委会一年来的工作，提出下一年度标委会工作重点思路，交标委会主任委员、副主任委员、秘书长及副秘书长审定，对审定后的总结与工作重点提交标委会工作会议审议，准备标委会年会需要审议的各项文件资料。

◆ 组织标委会归口的标准审查工作。

◆ 对本专业技术领域的发展趋势与电力生产对标准化工作的实际需求进行跟踪。

◆ 对国内外与本专业相关的标准进行收集与跟踪，组织开展有关技术研讨与交流。

◆ 建立标委会委员及与中电联标准化管理中心的沟通机制，及时将技术发展与标准化信息与委员共享。

◆ 按照相关要求对标准化工作经费和专项经费进行管理和使用。

◆ 计划验收，经费决算。

◆ 建立档案管理制度，对标委会收发文件、标准（包括草案）相关文件、委员信息、经费等档案进行管理，对相关专业技术信息进行跟踪、收集。

多数情况下，标委会秘书处担负着标委会日常管理和运作任务，一些重大事项应在标委会全体会议上审议决定并报中电联备案，这些事项包含：

◆ 标委会章程和秘书处工作细则。

◆ 标准体系表；标准制定、修订立项建议，工作计划。

◆ 标准送审稿。

◆ 标委会委员调整建议，分技术委员会的决议。

◆ 工作经费的预决算及执行情况。

◆ 分技术委员会的组建、调整、撤销、注销等事项。

◆ 标委会章程规定应当审议的其他事项。

表决的票数要求：参加投票的委员不应少于委员总数的 3/4。参加投票委员 2/3 以上赞成，且反对意见不超过参加投票委员的 1/4，方为通过。弃权票计入票数统计。未投票不应按弃权票处理。

根据国家要求和电力标准化发展需要，中电联自 2018 年开始实行标委会考核评估制度，定期对标委会的工作等进行考核评估，并将考核评估结果向社会公开。2019 年，建立了标委会审核员制度，标委会审核员主要负责本标委会标准报批稿及相关材料的审查与报批工作。2020 年，启动了电力标准化青年人才培育制度，培养熟悉专业知识、热心标准化工作的青年专家参与到相关专业标委会中来，了解熟悉标委会的工作模式与方法，为电力标准化工作奠定后备力量。

标委会工作会议（年会）是标委会的重要活动之一。每年不应少于一次，标委会工作会议应事先与标委会主任委员、秘书长进行沟通，确定工作会议主题内容、时间、地点等，并应提前向中电联进行通报。当有需要审查的标准草案时，应提前将标准草案发与各位委员（至少应与会议通知同步）。

标委会工作会议主要内容包括但不限于以下内容：

- ◆ 研究和审定标委会工作规划（计划）及其标准体系；

- ◆ 对前一阶段标委会的工作进行总结；

- ◆ 对标委会近期工作重点进行研究；

- ◆ 检查标委会承担的各项标准计划项目执行情况；

- ◆ 协调标准计划执行中可能出现的各种问题；

- ◆ 研究并落实标准计划项目建议；

- ◆ 开展标准复审；

- ◆ 审定标准草案；

- ◆ 开展技术交流与研讨；

- ◆ 处理与标委会相关的其他事宜。

标委会工作会议通常由标委会主任委员（副主任委员）主持，

全体委员参加。工作会应坚持民主原则，对重大问题的确定应采用集体决策，必要时，可以表决。为便于标准计划的申报，标委会工作会议宜在每年 11 月份之前召开，标委会工作会议应有记录并形成会议纪要。

第四章　标准的全生命周期

将标准化文件看成是一个特殊的"产品",从标准化对象的分析、研究、确定,到标准计划的立项、编制、征求意见、审定,再到标准的发布、出版、实施、复审、废止,构成了"标准"全生命周期的完整过程。在这个过程中,标准的前期研究是保证标准具有切实的现实指导作用的重点,标准编制过程中符合相关要求是促进标准内容更具科学性、系统性、公正性、普适性的保障,标准发布后的跟踪和使用情况的信息收集,保证了标准能不断完善并获持久的生命力。我国按照国际标准化组织(ISO)对标准全生命周期的划分方法,把标准划分为以下 9 个阶段进行全生命周期的研究。

◆ 前期研究(预阶段):对标准化对象进行深化研究,提出新的标准项目建议的过程;

◆ 立项(计划申报与确定):提出标准编制计划项目并经标准管理部门认可的过程;

◆ 起草(标准草案的编制):编制标准草案,提出标准草案的征求意见稿;

◆ 征求意见:向各标准相关方提交意见征询、汇总整理意见、修改完善标准，并形成标准送审稿的过程；

　　◆ 审查：对标准送审稿进行审定、修改和完善，形成标准报批稿的过程；

　　◆ 批准：经标准管理部门审批、发布标准的过程；

　　◆ 出版：通过排版、印刷，形成标准出版物的过程；

　　◆ 复审：对标准重新认定的过程，其结论包括确认、修改、修订；

　　◆ 废止：通过标准复审，确定标准不再适宜，对其废止的过程。

第一节　标准计划确定前的工作

　　标准计划确定前的工作主要包括标准的前期研究和立项（计划申报与确定）两个内容。标准的前期研究是标准编制工作中至为重要的一环，通过对标准化对象进行深入的研究和分析，能够准确地确定标准的具体内容和指标的要求，从而使标准对电力生产建设的实际具有切实的指导作用。本文主要针对标委行在制定国家（行业、团体）标准的编制工作进行分析和说明，企业在开展标准化工作时可参考。

一、前期准备工作

　　标准的前期研究是在标准立项之前，如何确定标准化对象的主题、对标准制定（修订）的必要性、可行性和标准主要技术内容的确立进行调查、分析、研究、审定和最终提出标准计划项目建议的过程。这一过程主要包括标准需求分析、标准体系建设研究与标准立项申报及答辩等内容。同时，还要确定标准的类别（属基础、产品、方法、安全、卫生、环保或工程建设标准等），明确标准主要内容针对的是"产品、过程或服务"，此处这一表述，旨在从广义上囊括标准化对象，宜等同地理解为包括诸如材料、元件、设备、系统、接口、协议、程序、功能、方法或活动。标准的前期研究是促进和提高标准质量至关重要的环节，标委会应予以充分重视。

（一）标准化需求分析

在确定标准计划立项之前，应对标准化对象进行必要的需求分析。绝大多数电力标准具有公共利益的内涵，开展标准化需求分析应站在公正的立场上和行业的角度进行，不应带有主观或个体利益观点。提出的新的标准计划项目应与标委会的标准体系保持协调，标准体系是指导某一专业技术领域标准化工作的指导性文件。应在该专业技术领域内进行深入、持续地研究，将标准与技术发展和电力生产实际更为密切地结合，确保标准对现实的指导作用。

标准化需求分析应通过标委会的审评（可在标委会工作会议上进行研讨和审议），评审时应提交标准草案、编制说明、相关申报材料等，必要时可采用答辩的方式。通过标委会审评后方可确定和提交计划立项申请，当有多项新的标准计划项目申报时，标委会应根据标准需求的轻重缓急进行排序汇总。对标委会的标准需求分析主要包含以下几个方面的内容：

（二）必要性分析

包含紧迫性和重要性两个方面，是对标准化对象进行深入研究、形成标准的理由是否充分的分析过程。必要性分析时应充分考虑电力工业生产、建设、经营和管理等工作是否对该项标准有现实的需求；此外，国家相关政策的出台与推行是否需要相关标准进行配套和支持也是必要性分析的重点内容之一。

（三）可行性分析

标准编制后对电力生产的可行性状况的分析，以及对标准在现有技术条件下能否按计划进度形成标准，且切实可行的分析过程。这一分析过程重点应包括：

◆ 经济合理性分析：标准所确定的技术要求和指标与我国电力生产、建设现状的适应程度，标准实施后对电力企业可能产生的经济投入，及其标准编制过程所投入的资金情况等。

◆ 技术可行性分析：现有技术条件下制定标准的可能性，包括现有技术国内外发展情况及其趋势、该专业技术领域现有标准情况、标准发起人定位分析、标准级别（国标、行标）的选定等；技术可行性分析应在大量的生产建设应用和充分的科学试验的基础上完成，技术可行性分析应具有普遍性而不应以一两个案例作为蓝本得出结论。

（四）政策导向性分析

对所制定的标准与国家相关政策、法规、行业发展规划等发展方向的比对和研究，从而保证标准的技术内容与国家倡导的方向及产业发展相吻合，也为标准立项、实施提供法规性依据和保障。

（五）协调性分析

协调是标准化工作的一个重要原则，也是标准研究制定工作中的重要环节，其有两层含义：①标准各部分之间的相互协调和统一；②标准与相关标准（包括在编的标准草案）之间的协调，协调性分析要对现行的相关标准进行总体的分析和评判，得出制定标准的必要性结论。在开展协调性分析过程中，与标准体系的紧密结合是关键的内容之一。

二、标准计划项目的申报

标准的立项申请工作由于不同主管部门（国标准化管理委员会、住房和城乡建设部、国家能源局、中国电力企业联合会等）要求的不同，略有差异。标准立项申请单位（标委会）应按照相关要求进行申报。本节仅对通用的问题进行介绍。标委会对有关机构或组织提请的标准项目提案（PWI）应进行必要的评估。评估可通过会议或电子邮件形式向标委会全体委员征求意见，并对评估的结果进行整理、汇总、分析和处理，必要时，可组织标准项目申请单位集中答辩，从而确定标准计划项目立项与否。标准项目提案经标委会审定通过后，应明确：

◆ 标准名称（中、英文名称），名称应准确，符合标准名称命名规则；

◆ 编制标准的目的和意义；

◆ 标准的主要技术内容（大纲或草案），如果有企业标准，应提交企业标准在实施时的效果；

◆ 标准的范围（标准技术要求涵盖的范围和标准的应用范围）；

◆ 标准的类别（基础、安全卫生、环境保护、管理技术、方法、产品、工程建设、其他等）；

◆ 标准主要起草单位和主要起草人、参编单位和参编人员（草案）；

◆ 与国内外相关标准情况的对比与说明；

◆ 标准计划完成时间；

◆ 标准编制过程中经费预算及其解决方案等。

标准名称应在对标准项目提案进行认真分析后按照标准起草规则审慎确定，其名称应具有唯一、易识别、易区分、针对性强的特征。标准主要起草单位和主要起草人应是在对标准发起人（单位）定位进行分析后产生，标准编制单位和编制人应切实能够按照标准编写的要求和计划进度安排保质保量地完成标准的编修工作。此外，标准项目提出单位还应提出标准编制过程中的经费预算、来源、使用情况草案等。

标准项目提案在审定确认后，按照标准项目征求的文件要求进行申报。采用"快速程序"制定的标准，应在提交标准项目提案时进行说明。自 2020 年起，电力标准（国家标准、行业标准和中电联标准）的立项申报必须提交标准草案，标准草案应内容完整。各标准主管部门也开展了标准立项的答辩审核环节。在这一环节中，标准计划项目的申报单位应对标准立项申请各方面进行说明的准备，编写演示文件（PPT），每项标准答辩时间不多于 5 分钟。如果同一标委会有多项标准计划项目同时申报，应统一进行标准计划项目的答辩准备，将各标准的编制目的、主要技术内容、解决的问题、实施后对电力工业的影响等进行说明，答辩时间应控制在 10 分钟以内。

标准管理部门经对标准立项建议进行审定、协调、沟通后，最终会以正式文件确定和下达标准计划。标准计划通常要求在 24 个月内完成标准的编制工作。

第二节　标准的编制（标准计划下达到报批阶段）

标准计划下达后，标准正式进入编制环节，标准的编制工作由于不同主管部门的要求不同，而略有差异，本节仅对通用的问题进行说明和介绍。应注意的是，标准计划一经下达不应随意终止。标准的编制应在标准计划申报时所确定的范围内开展工作，不应随意地扩大和缩小预定的标准范围。

一、组建标准编制工作组

标委会秘书处在接到标准计划下达通知后的 8 周内对归口管理的每个标准计划项目进行建档，组建标准编制工作组（WG），并建立联系、协调和监管机制。

标准编制工作组应在 4 周内完成。标准编制工作组成员应由标准计划申报中确定的主要起草单位和主要起草人、参编单位和参编人员担任，也可根据实际情况做适当调整。标准编制工作组成员一经确定，不应随意变化。标准编制工作组内设有组长（主编、召集人）一人，组长应对该标准人员分工、进度安排等进行全面统筹并对技术内容的准确性负责。标准编制工作组应在组建后的 2 周内完成标准编制工作计划的编制，并将工作计划报标委会秘书处备案。

标准编制工作组在编制标准过程中发生人员调整的，应及时报告标委会秘书处。工作组在标准编制过程中的每次会议都应形成会议纪要。

二、启动标准编制工作

标准编制工作组成立后，应及时组织召开标准编制工作启动会，启动会主要内容有：

◆ 审议并确定标准编制工作组的主要起草单位和主要起草人、参编单位和参编人员，标准编制工作组成员应相对固定；

◆ 审议并确定标准大纲，大纲应与标准立项的建议书保持一致；

◆ 商议并确定标准编制工作的分工；

◆ 商议并确定标准工作进度安排；

◆ 审议标准编制经费预算等。

标准编制工作组可根据实际情况的需要开展标准编制工作的调研，调研工作应在事先确定好需要调研的主要内容、方向、单位，参与成员及希望解决的问题等。调研工作应于 4 周内完成，形成调研报告，调研报告包括调研的范围、方法，所取得的收益及为标准编制提供的依据和思路等。调研报告应报标委会秘书处备存。

标准编制工作组应于调研工作结束后的 8 周内完成标准编制工作组草案（WD），并集中对标准编制工作组草案进行深入研究、讨论、修改和完善，修改完善后的标准草案称为委员会草案（CD），在我国称为标准征求意见稿，标准征求意见稿内容应完整，格式符合标准编写规则。

三、标准征求意见

标准草案的征求意见是标准编制工作过程中的一个重要环节。标准编制工作组应于标准征求意见稿形成后尽快（一般在 2 周内）将标准征求意见稿及编制说明报送至标委会，标委会秘书处收到工作组提交的标准征求意见稿后，应先行审核，审核工作应于 2 周内完成。对通过审核的标准征求意见稿，拟文向标委会委员及有关单位进行意见征询；未通过审核的反馈给标准编制工作组进行修改完善。标委会应将国家标准（包括工程建设国家标准）、行业标准的征求意见稿提前报至中电联标准化管理中心，以便于在相关网站上征求意见。

标准的意见征询应尽可能广泛，除标委会委员外，还可向标准可能或潜在的各方进行意见征询。有指向的意见征询，发起标准征求意见的机构（标委会秘书处、主编单位等）应做好记录。标委会每位委员都应对标准征求意见稿进行认真审读，必要时，可组织本单位相关技术人员对标准征求意见稿进行研讨，提出明确且具体的修改意见和建议，并在规定的期限内反馈给标委会秘书处和主编单位。征求意见的时间通常不应多于 10 周，但也不应少于 40 天。

标准起草工作组对收集到的反馈意见进行汇总、归纳，并进行意见处理；意见的汇总处理以该问题在标准中的顺序编排为宜，即自封面、目次、前言、引言、第 1 章、第 2 章、第 3 章、……、附录的顺序排序。意见的处理包括：

◆ 采纳：对标准草案进行修改和完善；

◆ 部分采纳（应说明理由）：进行相关内容的修改和完善；

◆ 不采纳：应说明理由和根据；

◆ 待审查会确定的内容。

意见处理应于标准征求意见截止时间后的 4 周内完成，并根据意见处理结果对标准征求意见稿进行修改、完善，形成标准送审稿。

四、标准的审查

标准审查是对标准技术指标、表述格式等相关内容进行审核与最终确定的过程，是标准质量的重要保障。按照标准编制过程性文件区分，标准审查包括大纲（初稿）、征求意见稿和送审稿的审查。这里以标准送审稿为例进行阐述。

（一）提交审查的材料

标准编制工作组在标准征求意见后，对标准进一步完善处理形成的标准草案称为标准送审稿。标准编制工作组提交的审查材料包括但不限于：

◆ 标准送审稿；

◆ 标准编制（条文）说明；

◆ 征求意见稿的意见汇总处理表；

◆ 其他相关文件。

这些材料应符合以下要求：

（1）完整、准确，符合提交标准审查要求的标准草案（送审稿）。

（2）标准编制说明。标准编制工作组在编制标准草案的同时，应与标准进展同步编写标准编制说明（或条文说明），标准编制说明应与标准草案同步进行、同步完善，标准编制说明内容应涵盖：

◆ 任务来源，简要工作过程、主要参编单位和工作组成员等；

◆ 标准编写原则和主要内容，修订标准时应列出与原标准的主要差异和理由；

◆ 主要试验验证情况；

◆ 与现行法律、法规、政策及相关标准的协调关系；

◆ 标准预期达到的效果，贯彻标准的要求和措施建议；

◆ 代替或废止现行标准的建议；

◆ 采用国际标准和国外先进标准情况；

◆ 标准名称与计划项目名称发生变化时应将变化的主要原因进行说明；

◆ 重要内容的解释和其他应予说明的事项；

◆ 工程建设标准应针对标准的条文撰写条文说明，条文说明应言简意赅，并准确地对条文内容进行说明和解释，帮助标准阅读者理解标准本意；

◆ 涉及专利的说明等。

（3）征求意见稿的意见汇总处理表。应完整、准确，按照标准章条顺序逐条给出。对不采纳的意见应提出具体原因，对需要进一步研究处理的意见，提出初步解决的方案和说明。

（4）如果标准征求意见稿的审查是以会议形式开展的，应提交征求意见稿审查会会议纪要等。

（二）审查形式

标准审查方式可分为"函审"和"会审"两种形式。标委会的每位委员都应积极参与标准的审查，按照标委会的要求对标准草案提出意见和建议。

（1）函审。标委会组织函审时，应将标准草案、编制说明、意见汇总处理表及其相关文件一并发送至标委会每位委员，如有需要，标准草案发送范围可扩大至相关单位，以便更广泛地听取各方意见。标委会秘书处应对标准草案的发送范围进行记录，对回函时间提出要求。标委会的每位委员都应对标准草案稿提出意见或建议并在规定的时间内反馈给标准审查联系人。

标委会在标准函审截止日期后2周内，对收到的反馈意见和建议提交标准起草工作组，标准起草工作组在收到反馈意见和建议的2周内组织对意见和建议进行分析、整理和汇总，确定采纳与否并修改标准草案形成标准报批稿，同时修改标准编制说明，修改后的编制说明应对标准采纳意见、未采纳意见进行较为详尽的说明，以便于标准报批时标委会秘书处的审定。

（2）会审即会议审查。标委会秘书处可根据标委会实际工作安排标准的审查时间，标委会秘书处应至少于会审前2周将标准报批稿草案、编制说明、征求意见稿的意见汇总处理表等相关文件提交给每位委员及会审邀请的专家，以便与会代表提前对标准草案进行审读。

由标委会组织的会审应由标委会主任委员、副主任委员或秘书长主持，审查时首先由标准编制工作组成员对标准起草过程、标准主要技术指标和要求及相关内容进行介绍和说明，在各位委员对说明无异议后，开始对标准内容进行审查，审查内容应从标准名称至标准的最后一个要素逐项审查。标准编制工作组应不少于2位成员对审查的过程和结论进行记录，以便于对标准进行修改和完善。

（三）审查的重点

标准审查是控制标准质量的重要手段，标准审查的重点包含：

◆ 符合性：标准的内容与计划项目立项初衷、本专业技术领域的发展趋势，以及国家相关政策和要求相符；标准的格式符合GB/T 1.1—2020《标准化工作导则 第1部分：标准化文件的结构和起草规则》或《工程建设标准编写规定》的相关要求。

◆ 一致性：标准提出的各项要求与国家相关法规、政策、强制性标准保持一致。

◆ 协调性：标准的技术内容与现行相关标准保持协调一致；如与相关标准在技术要求上产生变化，应在标准前言、编制说明等文件中进行说明，并提出变化依据。

◆ 合理性：确定为强制性的标准，其内容应符合国家强制性标准的编制原则和有关要求。

此外，在审查时还应对标准的语言表述和格式规范等进行认真审定，内容包括：

◆ 标准体例结构严谨、层次分明；

◆ 语言文字的表述是否叙述清楚、用词确切、无歧义；

◆ 标准中使用的术语、符号、代号统一并符合相关要求；

◆ 标准中采用的计量单位的名称、符号是否准确，符合相关标准要求；

◆ 标准中规定的误差和测量不确定度等符合相关标准要求；

◆ 标准中的各项数据、指标准确无误，可检验；

◆ 系列标准的各相关部分的表述内容和要求是否协调一致等。

标准的审查应于标准审查会上审议并通过会议纪要，会议纪要以"《××××标准》送审稿审查会会议纪要"为标题，内容包括会议时间、地点、参会人员，对标准审查的结论性意见及其会议提出的主要修改意见等。

标准送审稿审查会的会议纪要是标准送审稿修改成为标准报批稿的重要依据性文件，因此在会议纪要中应尽可能详尽地描述该次标准审查过程中对标准修改的意见和建议，这些意见和建议应具体且可操作，针对标准的具体内容，会议纪要对标准的主要修改意见和标准审查人员名单可作为会议纪要的附件，标准审查人员应不包含标准的编制人员。审查人员名单应为打印件，并附有审查人员签字。通常审查人员名单的表头格式为序号、姓名、工作单位、职称/职务、签字。会议纪要是标准报批时的重要文件之一，宜以标委会的正式文件印发，行业标委会申报的国家标准、中电联专业标委会申报的行业（国家）标准送审稿审查会会议纪要应以中电联文件印发。

经审查未能通过的标准草案，标准编制工作组应按照审查会的意见进行认真的修改完善标准草案及其相关文件，修改完善工作宜在 4 周内完成。修改完善后的标准草案及其相关文件重新提交标委会秘书处组织标准审查。

（四）其他

标准编制过程中，由于各类客观原因导致标准不能按期完成标准编制计划的，计划项目承担（主编）单位应对拖延情况进行说明，并提出计划调整申请，填写《行业标准项目计划调整申请表》报标委会秘书处审定，标委会秘书处签署意见后，将表一式两份（附电子文件，见附表），于原定计划完成年度的 11 月 20 日前报中电联标准化管理中心。

（五）标准报批

通过送审稿审查的标准草案，标准编制工作组应于送审稿审查会结束后 4 周内，根据审查会意见对标准送审稿进行修改完善，修改完善后的标准草案称为标准报批稿。标准报批稿应体现标准送审稿审查会会议纪要中明确的修改内容。

标准编制工作组完成标准报批稿后，应将标准报批稿及征求意见稿的意见汇总处理表、编制说明、标准申报单、送审稿审查会会议纪要、经费（自筹经费除外）决算单等相关文件一并报给标委会秘书处。标委会秘书处设专人对标准报批稿及相关文件进行审核，不符合要求的应重新修改完善至符合要求为止，符合要求的按照标准报批要求报至中电联标准化管理中心。标准报批工作应在送审稿审查会后 3 个月内完成。

标准的报批文件及其数量应符合相关要求。

◆ 标准报批公文：应以标委会正式文件报送；

◆ 标准申报单；

◆ 标准报批稿：标准内容应符合标准审查会提出的各项要求，格式应符合 GB/T 1.1—2020《标准化工作导则　第 1 部分：标准化文件的结构和起草规则》或《工程建设标准编写规定》；

◆ 标准征求意见稿的意见汇总处理表；

◆ 标准的编制说明：包含标准提出背景、标准编制过程与分工、主要技术要求的确定、标准执行应注意的事项及其他需要说明的内容；

◆ 标准送审稿审查会会议纪要；

◆ 电力标准制定、修订计划项目经费决算单。

第三节　标准发布后的管理

一、标准出版前的校核

标准发布后标准主编人应按照标准出版要求对标准进行校

核。标准校核时应保持标准的各项要求及其相应指标与标准报批稿的内容相一致。校核人不应随意对标准的要求和指标进行修改和调整；在校核过程中一旦对标准有所调整和变化，校核人应先报知标委会秘书处或中电联标准化管理中心，由标委会秘书处或中电联标准化管理中心组织有关专家进行研究和审议，必要时，可组织召开研讨会对标准出版稿的内容进行最终确定。

二、标准的宣贯

标准发布后，标委会可根据标准的具体情况组织开展标准的宣贯工作。标准的宣贯可采用多种形式，标准宣贯会是常见的一种。标准宣贯会应由标委会或中电联标准化管理中心具体组织实施。应在召开标准宣贯会前做好充分的准备工作，标准宣贯的主讲人由标准主要起草人员担任为宜，并至少应于标准宣贯会开始的 7 天前完成标准宣贯教材及其标准宣贯用演示课件。标准宣讲的内容应根据标准的具体情况对标准的产生背景和主要技术内容、各项技术指标和要求、标准在实际应用时应注意的事项等进行讲解；标准宣贯会应向与会学员提供正式出版的标准作为会议资料。当标准宣贯会召开而标准尚未正式出版时，可以用标准报批稿作为标准正式出版稿的替代本进行标准宣讲，但应在标准报批稿封面的标准英文标题下方的明显位置予以标明"本文件为标准报批稿，可能存在与标准出版稿的不同，仅供标准宣贯参考使用"字样。每次标准的宣贯应留有必要的答疑互动时间，标准宣贯会也可与相关技术研讨、交流会同时召开。

三、标准跟踪管理

标准跟踪管理的目的是使标准编制者切实了解标准在发布实施后对电力生产活动所产生的影响，便于为标准后续的修订和完善提供依据。标委会应对标准在实际应用的情况进行有效的跟踪管理，建立跟踪标准的制度，对标准在实际应用过程中出现的各种信息进行收集、汇总、归纳和分析，必要时提交标委会年会上审议，为标准的复审、修订和完善奠定基础。对标准实施情况的跟踪管理应明确到人，可委托标准的主要起草人担任，同时，标委会还应对标准使用者在标准应用中产生的疑问进行解答。标准跟踪人员应定期（一般不超过两年）对标准在实施过程中取得的社会与经济效益、存在的问题及需要改进的方面进行研究和分析，并向标委会秘书处进行书面报告，标委会秘书处也应对发布的标准做好记录，记录表形式见表4-1。

表 4-1　　　　　　　　　标准记录表

序号	标准编号	标准名称	发布日期	实施日期	主要起草人	起草人联系方式	标准带来的经济和社会效益	标准在执行中存在的问题	备注
1									
2									

四、标准复审

标准复审是标准发布后标委会（标准主要起草单位）跟踪标准的重要工作内容之一，目的是维护标准的有效性，保持标准对电力生产建设实际工作的有效指导。

标准复审一般是标准发布后的第 5 年开始进行，标委会对其专业技术领域内的标准在日常跟踪维护的基础上开展复审工作。标准复审是针对标准具体技术内容和形式进行的再认定的过程。标准复审结论有以下三个：

◆ 继续有效：标准的技术内容仍具现实的指导作用，标准的表述形式（格式）符合现行标准的编写规则；

◆ 建议修订：标准的技术内容与实际有所出入或格式不符合现行标准编写规则，需要对标准进行调整或完善；

◆ 建议废止：标准的技术内容已经落后或淘汰，没有现实的指导作用，无存在的必要。

标准复审一般应通过标委会全体委员的审核。标委会秘书处将每年达到标龄（发布 5 年）的标准进行列表并提交给全体标委会委员，标委会委员应结合生产实践对标准提出复审意见的结论，必要时，标委会委员可组织其所在单位相关人员对标准提出复审意见。列为修订的标准，标委会应尽快（通常在 1、2 年内）落实标准修编的承担单位，组建标准修订工作组，并提出标准修编计划。

五、标准的废止

随着技术的进步与环境的发展变化，当标准已经失去对现实的生产建设工作等的指导作用时，应予以废止。标准的废止应通过专业标委会进行评估和审定，在征求各相关方（尤其是标准使用单位）意见后，形成标委会的关于标准废止的决议，报至中电联标准化管理中心。中电联标准化管理中心根据标准的级别和相关要求，报相关主管部门按照相应的规则进行废止，并公告。

第五章 企业标准化工作

第一节 企业标准化的作用

企业标准化是标准化工作的重要组成部分，是企业的一项综合性基础工作，是企业组织现代化大生产的必要条件和实现专业化生产的前提，贯穿于企业整个生产、技术和管理活动的全过程。通过企业标准化活动的开展，企业可以在规范技术要求、统一管理内容，节约原材料和有效利用各类资源，加快新产品的研发、缩短产品生产周期，稳定和提高产品与服务质量上，促进企业不断提升能力，以及经济和社会效益等各方面起到重要促进作用。企业是标准化工作的基本出发点和最终落脚点，企业标准化是"为在企业的生产、经营、管理范围内获得最佳秩序，对实际的或潜在的问题制定共同的和重复使用规则的活动"。

企业标准化是企业管理现代化的重要组成部分和技术基础。企业标准化的作用具体表现在：

◆ 建立秩序：建立企业内部（或整个供应链）的技术秩序；建立协调高效的管理秩序；建立可靠有效的工作秩序。

◆ 确立目标：通过制定标准目标，使企业各项管理有依据。习近平主席指出："标准决定质量，有什么样的标准就有什么样的质量，只有高标准才有高质量。"标准不仅对产品性能做出规定和要求，对相关原材料及备品配件的采购、生产工艺、操作规程和作业方法，以及检验试验内容等都提出了要求和指引。通过企业内的信息流传递到每一个管理或操作岗位，成为确立各级和各岗位目标的依据。

◆ 优化资源：制定相关的原材料和辅助材料标准，使它们保持固定的状态和水准，最大限度地减少波动；制定与设备和装备有关的技术和管理标准，保持生产过程和产品质量的稳定；制定工艺和操作标准，有效地利用劳动资源，确保劳动的质量和劳动者的安全。

◆ 创造效益：标准化最初被广泛应用于工业生产的一个重要原因，就是提高效率的需要；通过标准化建设对提高效率、降低成本、节约资源、提升有序生产能力等有重要作用，并从中获得效益。

◆ 积累经验：标准在吸纳以往的经验时，不是照搬照抄，而是经过去粗取精、去伪存真的加工提炼，通过吸取别人（包括国外和竞争对手）的经验，使经验升华，用这样的标准去指导实践，是把实践提升到一个新的高度，坚持不懈地积累下去，企业便会一步步由弱变强。

◆ 打造平台：通过建立企业标准体系，使企业的生产经营管理活动处于系统的最佳状态，把各项资源整合成一个高效率的生产经营系统，处理各项技术、管理之间的协调问题，确保实现集约化经营的平台。

◆ 推动技术进步：通过标准化与信息化相结合，使生产经营管理的各环节和各岗位能及时获得并使用有效的标准化成果，推动企业技术革命与进步。

第二节　电力企业开展标准化工作依据性文件

GB/T 35778—2017《企业标准化工作　指南》给出了开展企业标准化工作的原则、方法和内容，是电力企业开展标准化工作所应依据的指导性文件之一。在该标准中，给定的企业标准化工作开展有如下内容：

◆ 基本原则：包括需求导向、合规性、系统性、能效性、全员参与、持续改进六个方面的内容，其中需求导向是核心。

◆ 策划：从策划的内容、依据、要素三方面给出企业标准化工作策划的指引。

◆ 标准体系构建：从体系构建总则和方法，引出企业标准体系表的概念。

◆ 企业标准制定、修订：给出企业标准范围、程序和编写的要求。

◆ 标准实施与检查：从标准实施和监督检查两个方面强调企业标准重在实施。

◆ 参与标准化活动：鼓励企业更多地采用国际标准和国外先

进标准，以及走出企业，参与到团体、行业、国家乃至国际标准化活动中。

◆ 评价与改进：给出评价的规则和方式，改进的内容、措施、方法等应以企业标准的形式加以固化。

◆ 标准化创新：①依据竞争环境的变化代替传统的标准化管理模式；②创新要以更好地满足顾客的期望和需求为中心；③标准化创新是企业管理创新的重要组成部分。

◆ 机构、人员和信息管理：从企业标准化工作的机构、人员及信息三个方面，提出企业标准化工作的支撑要点。

电力企业开展标准化工作重点依据如下几个标准文件：

GB/T 35778—2017《企业标准化工作　指南》——企业标准化工作的指南性文件，遵循国家标准的指引，开展电力企业标准化的基础建设工作，可以为电力企业标准化工作在与国家要求保持一致的同时，少走弯路。

DL/T 485—2018《电力企业标准体系表编制导则》——电力企业标准体系建设的指导性文件。2018 年，该标准在国家标准要求的指导下，做了创新性的修改和调整，使之更加切合电力企业生产、经营和管理的实际。

DL/T 800—2018《电力企业标准编写导则》——企业标准编写的要求。GB/T 1.1—2020《标准化工作导则　第 1 部分：标准化文件的结构和起草规则》是国家（行业）标准的编写要求，其中诸多内容过于理论和复杂。企业标准以直接解决实际问题为宜。DL/T 800—2018 给出电力企业编写技术、管理和岗位要求所应关注的内容。

T/CEC 181—2018《电力企业标准化工作 评价与改进》——企业标准化工作的评价和改进的要求。该标准给出了检验企业标准化工作的方法，并提出企业标准化工作改进的模式。

DL/T 1004—2018《电力企业管理体系整合导则》——企业标准体系整合的方法。当企业开展了多项不同的标准体系建设时，如质量、环境、职业健康等，由于各类体系在构建时有共通的要求，但又有各自的侧重或关注点，因此，如何进行合理的整合，便是本标准给出的核心内容。

参与"标准化良好行为企业"试点的电力企业应密切关注这些依据性文件的变化，按照最新的标准要求，及时调整和完善企业标准化活动的开展，确保企业标准化的要求与企业生产、管理、经营的需求相符合。

第三节 标准体系构建

企业标准化工作的重要内容之一是标准体系的建设和运行，DL/T 485《电力企业标准体系表编制导则》给出了电力企业标准体系的建设指引。

电力企业标准体系由技术标准、管理标准和岗位标准体系组成，其中，技术标准可由技术标准、典型作业指导书等组成，管理标准体系可由管理标准、制度等组成，该体系又分为产品实现和基础保障两个方面的内容，原工作标准体系则根据国家标准的变化调整为岗位标准体系。

DL/T 485《电力企业标准体系表编制导则》按照设计、施工、发电、供电、科研等类型对电力企业技术标准体系的构建进行了区分，当一个企业的业务涉及两项及以上类型时，企业可根据相关类型的技术标准体系架构进行模块化的组合与调整。

建立一套科学、完整、权威的技术标准体系作为电力生产技术准则，是电力安全可靠运行的基本保障。新版《企业标准体系》国家系列标准提出的"需求导向"和"创新设计"等理念，鼓励企业可以根据实际需要，以实现企业发展战略为目标，自我创新设计标准体系。因此，对 DL/T 485《电力企业标准体系表编制导则》的修订，继续保留了技术标准体系、管理标准体系和岗位标准体系的基本框架。企业技术标准体系是电力生产技术过程控制的需要；管理标准体系由"产品实现管理标准"和"基础保障管理标准"两个模块构成，表述企业管理的全过程和对技术标准体系实施的管理支撑作用；将原工作标准体系改为岗位标准体系，并对内容进行了简化；依照国家标准企业不再建立基础标准体系，企业适用的基础标准，列入"指导标准"中。新标准颁布实施后，已经按照原 DL/T 485《电力企业标准体系表编制导则》建立并运行企业标准体系的电力企业，可以继续保持原结构模式运行，也可以按新标准调整，还可以按国家标准调整为"产品实现标准体系、基础保障标准体系和岗位标准体系"或采用国家标准给出的其他体系结构。无论采用何种结构模式，标准体系都应满足企业生产、经营、管理等要求并涵盖新标准要求的各体系子要素。

在开展企业标准体系建设时，企业应系统辨识本企业适用的法律法规、上级标准、规章制度和相关方要求，逐项列出企业需遵从的具体条款，将其要求进行细化，转化到企业标准中。通过这一转化过程，简化优化企业标准体系，达到内容全面、结构最优、数量最简，确保企业标准所规定的内容满足适用的法律法规、上级要求和相关方需求。

第四节　"标准化良好行为企业"评价

一、起因与依据

标准化良好行为企业评价源自 1995 年在我国开展的企业标准体系评价活动。1995 年，随着我国社会主义市场经济体系逐步完善，经济全球化的步伐加快，企业要适应市场竞争的需要，不仅产品质量要达到高技术标准要求，而且要通过管理标准和工作标准对产品实现过程实施全过程有效控制，以保证产品的可信性，增强产品在国内外市场的竞争力。为此，原国家技术监督局标准化司在《企业标准化工作纲要》的基础上，充分研究企业在社会主义市场经济体制的运行环境下，企业标准体系的构成和要求，组织编制 GB/T 15496—1995《企业标准化工作指南》、GB/T 15497—1995《企业标准体系　技术标准体系的构成和要求》和 GB/T 15498—1995《企业标准体系　管理标准工作标准体系的构成和要求》三项国家标准，并在全国范围开展"标准体系评价"的活动，推动企业标准体系建设和标准化活动的开展。

经过 8 年的企业标准化工作实践，在总结前期经验的基础上，2003 年，国家标准化管理委员会完成了《企业标准体系》系列标准的修订，并增加制定了 GB/T 19273—2003《企业标准体系　评价与改进》，形成了一《企业标准体系》完整的 PDCA 系列标准，指导企业建立以技术标准引领，管理标准、工作标准相配套的企业标准体系。同时将"企业标准体系评价"调整为"标准化良好行为企业确认"，为推动企业有效开展标准化工作、建立规范化秩序发挥了至关重要的指导作用。

随着我国改革开放政策的深化，经济全球化进程加快，企业的生产、经营、管理体制都发生了巨大变化，企业对标准化活动的认知已进入一个全新的阶段，对该系列国家标准的修编工作已经成为新形势下的企业标准化工作需求的一项重要而紧迫的任务，为此国家标准化管理委员会再次启动了标准的修订工作。经过各方努力，新版《企业标准体系》系列国家标准于 2017 年 12 月 29 日发布，2018 年 7 月 1 日起实施。

二、电力企业开展标准化良好行为企业创建

随着电力体制的深化改革，进入新世纪后，中电联按照《电力行业标准化管理办法》（国家经贸委令第 10 号）的有关要求，着手开展电力企业标准化工作的研究和探索，研究和探索工作得到国家标准化管理委员会和原国家电力监管委员会（简称电监会）的大力支持及电力企业的广泛认同。国家标准化管理委员会和原国家电力监管委员会分别于 2006 年和 2008 年联合印发了《电力企业标准化良好行为试点及确认管理办法》（简称《管理办法》）和《电力企业标准化良好行为试点及确认工作实施细则》（简称《实施细则》），标志着在国家政府部门的支持下，电力企业"标准化良好行为企业"试点及确认工作正式全面开展。"标准化良好行为企业"试点及确认工作是电力企业根据《企业标准体系》系列国家标准和有关电力行业标准，建立以技术标准为核心，管理标准和工作标准相配套的企业标准体系，并有效实施和持续改进的企业标准化活动。《管理办法》和《实施细则》是在国家标准和行业标准的指导下，电力企业开展标准化良好行为企业试点和确认活动的重要依据性文件。

原国家电力监管委员会和国家能源局进行重组后，国家能源局对电力企业标准化良好行为企业试点及确认活动的开展模式进行了调整，明确继续支持和推动这项活动的开展，受政府部门委托，中电联具体组织实施"标准化良好行为企业"评价确认。通

过标准化良好行为企业的创建，促进了技术进步与成果转换、提升了企业各项管理水平、规范了员工的工作行为，为电力企业标准化工作的全面开展奠定了基础、积累了经验、树立了示范。

企业开展标准化良好行为企业创建流程包括但不限于：

◆ 组建创建机构（领导决策机构、组织推进机构、实施反馈机制）；

◆ 甄别和梳理企业适用的法规文件；

◆ 梳理企业业务活动（列出清单）；

◆ 甄别和梳理企业适用标准、制度等约束性文件；

◆ 编制完善企业标准化文件；

◆ 组织开展标准化文件实施的自我检查与评价；

◆ 进一步完善企业标准化建设。

企业可以根据上述工作开展情况，依据 T/CEC 181—2018《电力企业标准化工作　评价与改进》，自愿向中电联提出电力企业"标准化良好行为企业"第三方的评价申请。

三、依据文件的变化

2017 年修订发布的新版《企业标准体系》系列国家标准做了重大调整。对企业标准体系结构框架做了重新设计和构建，改变了原企业标准体系以技术标准体系、管理标准体系和工作标准体系的结构，企业围绕产品实现和基础保障为主线，落实到岗位标准进行体系结构框架设计。产品实现和基础保障体系中的标准融合技术和管理要求，企业可根据实际需要对标准内容进行完善。产品实现标准体系主要以产品标准为核心，围绕企业产品实现过程进行设计，提供产品全生命周期的标准体系。基础保障标准体系主要以保证企业产品实现有序开展为前提进行设计，以生产、经营和管理活动中的保障事项为要素。评价与改进部分修改为企业标准化工作的评价与改进，扩大了范围，评价工作贯穿于整个企业标准化工作之中而不仅限于标准体系，"标准化良好行为企业"由 A～AAAA 级调整为 A～AAAAA 级。新版《企业标准体系》系列国家标准数量由 4 项增加到 5 项，增加了 GB/T 35778—2017《企业标准化工作　指南》。该标准结合标准化改革、企业标准化工作实践，对企业标准化全过程的管理进行了规定，突出了对企业标准化工作开展的各项要求，以便于引导企业按照系列标准要求建立和实施标准化工作的管理机制，规范、有序地开展企业标准化工作。

四、电力企业标准化工作的开展

电力行业是资金、技术密集型产业，具有产供销瞬间完成的特点，建立一套科学、完整、权威的技术标准体系作为电力生产技术准则，是电力生产安全可靠运行的基本保障。因此，DL/T 485—2018《电力企业标准体系表编制导则》按照最新国家标准要求进行了修订，继续保留了技术标准体系、管理标准体系和岗位标准体系的基本框架。企业技术标准体系是电力生产技术过程控制的需要；管理标准体系由"产品实现管理标准""基础保障管理标准"两个模块构成，表述企业管理的全过程和对技术标准体系实施的管理支撑作用；将原工作标准体系改为岗位标准体系，并进行了简化；不再强调基础标准体系，而是将企业适用的基础标准列入"指导标准"中等多个变化。新标准颁布实施后，已经按照原 DL/T 485《电力企业标准体系表编制导则》建立并运行企业标准体系的电力企业，可以继续保持原结构模式运行，也可以按新标准进行调整，还可以按国家标准调整为"产品实现标准体系、基础保障标准体系和岗位标准体系"或采用国家标准给出的其他体系结构。这种灵活的处理方式，使电力企业在标准体系建设时，更加方便实用。但企业无论采用何种标准体系结构模式，其都应满足企业生产、经营、管理等要求。

依据新版《企业标准体系》系列国家标准基本理念和相关电力行业标准的要求，电力企业应系统辨识本企业适用的法律法规、上级标准、规章制度和相关方要求，逐项列出企业需遵从的具体条款，将其要求进行细化，转化到企业标准中。通过这一转化过程，简化优化企业标准体系，达到内容全面、结构最优、数量精简、实用好用，确保企业标准所规定的内容满足适用的法律法规、上级要求和相关方需求，并重点关注标准的实施，使企业员工切实做到"写我所做、做我所写"，让企业的各项活动都能有依据，各项标准（制度）都能得以落实，从而杜绝无标生产、违规操作。

对标准体系的运行情况进行检查、测量和评价是企业标准体系的 PDCA 循环中的重要环节。为了贯彻新版《企业标准体系》系列国家标准要求，体现电力行业的特点，中电联组织专家制定中电联标准 T/CEC 181—2018《电力企业标准化工作 评价与改进》，该标准于 2018 年 7 月 3 日发布，2018 年 9 月 1 日起正式实施，是对开展标准化工作、建立并运行企业标准体系的电力企业进行标准化工作水平等级评价与改进的指导性文件。该标准规定了电力企业标准化工作的评价策划、实施、结果管理和改进，适用于电力企业标准化工作自我评价、第三方评价及企业标准化工作的改进。

五、评价工作的实施

电力企业"标准化良好行为企业"的评价分为自我评价和第三方评价，评价依据是 T/CEC 181—2018《电力企业标准化工作 评价与改进》，自我评价是由企业自行组织的评价活动。第三方评价由中电联统一组织。

（一）参评企业应具备的条件

企业标准体系正式发布，标准持续实施 3 个月及以上，自愿向中电联提交第三方评价申请，还应符合下列要求：

（1）在经营范围内合法合规开展生产经营活动。

（2）行政许可、审批或强制认证等已获得相应资质。

（3）三年内未发生重大及以上质量、安全、环境保护等事故。

（4）提出申请前一年内，按 T/CEC 181—2018《电力企业标准化工作　评价与改进》开展企业标准化工作自我评价。

（二）第三方评价策划

策划是现场评价前企业与评价机构（中电联）的沟通，包括下列活动和内容：

（1）对企业申请材料进行审查。

（2）告知企业申请材料审查结果。

（3）协商现场评价时间、人员。

（4）评价机构组建现场评价工作组，确定组长。

（5）确定现场评价方案，包括评价范围、项目、依据、目的、工作程序、任务分工及时间安排等。

（6）特殊情况的处理。

（三）现场评价的实施

（1）首次会议。由评价组组长主持。参加会议的人员应包括企业最高管理层成员、被评价部门及基层组织的负责人、企业标准化工作组织体系相关人员、评价组成员，以及相关机构（企业的上级领导部门、有关政府部门等）人员。

企业自我评价首次会议主要有下列内容：

1）宣布评价组长和评价组成员；

2）介绍企业基本情况、标准化工作机制及标准化工作情况、标准体系的建立及运行情况、取得的成效、加分项的说明等；

3）评价组结合企业标准化工作情况介绍及企业提交的申请材料，向企业最高管理层成员、标准化工作相关人员进行询问；

4）宣布评价程序和方法，以及评价范围、依据、目的、任务分工及时间安排等；

5）评价组对有关保密和公正性声明等事宜进行承诺与确认；

6）特殊情况下变更现场评价时间的说明；

7）双方确认安全和保密区域，必要时，企业应向评价人员提供防护和应急用品等；

8）按评价组任务分工情况，企业应指定联络人员，并为评价组提供相应支持；

9）可能造成评价提前终止的情况说明等。

（2）现场评价。根据中电联标准 T/CEC 181—2018《电力企业标准化工作　评价与改进》进行现场检查与评分，评价采用随机抽样的方式进行，形式包括但不限于：

——询问、访谈、座谈；

——查阅成文信息；

——观察；

——现场操作演示；

——调查统计；

——结果复核等。

（3）沟通。评价过程中沟通应贯穿于评价的全过程，第三方评价时，评价组成员与企业领导、标准化专职人员应有特定的时间进行交流与沟通。

（4）末次会议。参加人员与首次会议相同，由评价组长主持。第三方评价末次会议主要内容包括：

——评价组宣布评价综述及结论；

——企业最高管理者对结论的确认和表态发言；

——评价组作企业申诉和投诉权力的说明。

（5）结论处置。第三方评价结论由中电联审定后向社会公告，有效期3年。

第六章 国际标准化活动

第一节 有关国际标准化组织

一、国际电工委员会（IEC）

国际电工委员会（International Electrotechnical Commission，IEC）成立于 1906 年，至今已有 100 多年的历史，是世界上成立最早的国际性电工标准化机构，负责有关电气工程和电子工程领域中的国际标准化工作。

IEC 的宗旨是促进电气、电子工程领域中标准化及有关问题的国际合作，增进国际的相互了解。为实现这一目的，IEC 出版包括国际标准在内的各种出版物，并希望各成员在本国条件允许的情况下，尽可能多地使用这些标准。近 20 年来，IEC 的工作领域和组织规模均有了相当大的发展。今天 IEC 成员国已从 1960 年的 35 个增加到 89 个。目前 IEC 的工作领域已由单纯研究电气设备、电动机的名词术语和功率等问题扩展到电子、电力、微电子及其应用、通信、视听、机器人、信息技术、新型医疗器械和核仪表等电工技术的各个方面，并在物联网、大数据、智慧城市等新型领域积极开展工作。

IEC 标准的权威性是世界公认的。IEC 每年要在世界各地召开 100 多次国际标准会议，世界各国的近 10 万名专家在参与 IEC

的标准制定、修订工作。截至 2021 年 1 月，IEC 有技术委员会（TC）109 个，分技术委员会（SC）101 个，系统委员会（SyC）6 个，工作组（包括 working group，project teams and maintenance teams）数目 1551 个。IEC 标准在迅速增加，目前，IEC 已制定超过 10000 个国际标准。

IEC 的主要管理机构包括理事会（全体大会）、理事局、执行委员会、标准化管理局、合格评定局、市场战略局等。

IEC 大会是 IEC 最高级别会议，负责对 IEC 重大国际标准化战略和政策等管理事务进行决策，研究通过 IEC 章程修改决议，批准发布 IEC 战略发展规划，进行 IEC 主席、副主席等重要领导职务选举，审议通过 IEC 秘书长的工作报告等。

我国于 1957 年 8 月正式加入 IEC，一直将积极参与 IEC 国际标准化活动作为一项重要的技术经济政策予以推进，致力于为 IEC 国际标准化治理和标准体系的完善做出贡献，并于 1990、2002 年和 2019 年分别承办了第 54 届、第 66 届和第 83 届 IEC 大会，国家领导人出席大会并接见 IEC 等国际组织官员，受到了国际同行的广泛认可，推动我国标准水平不断提升，促进全社会对国际标准的认知，增强了 IEC 等国际标准组织的影响力和权威性。同时，通过积极承办大会，我国国际标准化工作取得了较大进步，承担 IEC 技术机构主席、秘书处数量从零上升到各成员国的第 6 位，贡献 IEC 国际标准提案从几年一项增长到每年 40 多项，成为参与 IEC 国际标准化活动最积极的国家之一。2011 年，我国成为 IEC 常任理事国，成为 IEC 理事局（CB）、标准化管理局（SMB）和合格评定局（CAB）的常任成员。

二、国际标准化组织（ISO）

国际标准化组织（International Organization for Standardization，ISO）是国际公认最为权威的、非政府性的国际标准化专业机构，成立于 1947 年，该组织与联合国众多机构保持密切联系，是联合国甲级咨询机构，近年来已发展成为世界上最重要的科学技术合作组织之一。

其目的和宗旨是在世界范围内促进标准化工作的开展，以利于国际物资交流和互助，并扩大知识、科学、技术和经济方面的合作；主要任务是制定国际标准，协调世界范围内的标准化工作，与其他国际性组织合作研究有关标准化问题。

ISO 现有 90 多个成员国，最高权力机构是全体成员大会，每 3 年召开一次，研究工作方针，规定今后任务。大会闭会期间，由理事会具体行使职权。理事会是 ISO 常务领导机构，每年召开一次会议。其主要任务是为大会准备决议，决定成立新技术委员会，指定技术委员会的秘书国，批准国际标准，讨论国际标准化中的重要问题，确定 ISO 经费和监督财务开支。理事会由主席、副主席、司库和 18 个理事国组成。

ISO 现有 9 个咨询委员会协助理事会工作。ISO 的日常行政事务由中央秘书处负责，技术工作由 163 个技术委员会（TC）、近 800 个分技术委员会（SC）和约 1400 个工作组（WG）分别负责进行。ISO 工作重点除制定国际标准外，还致力于消除国际贸易和科学技术交流中的技术障碍，并解决标准化和消费者利益相互关系等问题。

三、电气电子工程师学会（IEEE）

电气电子工程师学会（Institute of Electrical and Electronics Engineers，IEEE）是一个国际性的电子技术与信息科学工程师的协会，是目前世界上最大的专业技术组织之一，拥有来自 175 个国家的约 36 万会员。1963 年 1 月 1 日由无线电工程师协会（IRE，创立于 1912 年）和美国电气工程师协会（AIEE，创建于 1884 年）合并而成，它有一个区域和技术互为补充的组织结构，以地理位置或者技术中心作为组织单位（如 IEEE 费城分会和 IEEE 计算机协会）。它管理着推荐规则和执行计划的分散组织（例如，IEEE-USA 明确服务于美国的成员、专业人士和公众），总部设在美国纽约。IEEE 在 150 多个国家中拥有 300 多个地方分会。

IEEE 成立的目的在于为电气电子方面的科学家、工程师、制造商提供国际联络交流的场合，为他们交流信息，并提供专业教育和提高专业能力的服务。其主要活动是召开会议、出版期刊杂志、制定标准、继续教育、颁发奖项、认证（accreditation）等。IEEE 也是一个广泛的工业标准开发者，主要领域包括电能、能源、生物技术和保健、信息技术、信息安全、通信、消费电子、运输、航天技术和纳米技术等。IEEE制定了全世界电子、电气、计算机科学领域30%的文献，还制定了超过900个现行工业标准，并有超过700项研发中的标准，其标准在工业界有很大的影响力。

IEEE由主席和执行委员会共同领导，重大事项由理事会和代表大会进行决策，日常事务由执行委员会负责完成；设有超导、智能运输系统、神经网络和传感器四个委员会和38个专业学会，如动力工程、航天和电子系统、计算机、通信、广播、电路与系统、控制系统、电子装置、电磁兼容、工业电子学、信息理论、工程管理、微波理论和技术、核和等离子科学、海洋工程、电力电子学、可靠性、用户电子学等。IEEE还按10个地区划分有300多个地方分部，IEEE为开拓中国业务于1985年设立了北京分部，目前中国内地有2000余名会员。IEEE现有会员约36万人，其中在美国的会员有22.4万人，另外10多万人分布在世界150个国家和地区。IEEE会员可享受以下优惠待遇：会员可以相互沟通信息共享；独享的特殊成本节省和增值益处；对会员的技术和专业成就给予认可并颁奖；参与、领导或志愿协助IEEE各种活动中的机会；通过网络服务和IEEE之间进行电子商务。

IEEE被国际标准化组织授权为可以制定标准的组织，设有专门的标准工作委员会，有30000义务工作者参与标准的研究和制定工作，每年制定和修订800多项技术标准。IEEE的标准制定内容有电气与电子设备、试验方法、元器件、符号、定义及测试方法等。IEEE 的标准有效期为 10 年，10 年之内的标准经复审进行评定确认为继续有效的或进行修订后的标准仍为 IEEE 标准，否则（无认可），标准 10 年后将自动废止。

第二节　参与国际标准化活动的流程

本节以 IEC 专业标准化技术委员会为例，以 IEC 导则（IEC directives）为依据，说明国际专业标准化技术委员会的组建流程。我国电力专业标准化技术委员会在工作中可以借鉴 IEC 的这些工作方法。

IEC 以编写某类技术领域的标准为目标，在此过程中会根据实际需要成立相应组织，如技术委员会（technical committee，TC）、分技术委员会（sub committee，SC）、工作组（working group，WG）、维护组（maintenance team，MT）、项目组（project team，PT）或临时工作组（ad-Hoc group）等。

技术委员会（TC）是承担标准制定、修订工作的技术机构，下设分技术委员会（SC），技术委员会和分技术委员会下设立工作组（WG）或项目组（PT）等，工作组由召集人和专家组成。

分技术委员会（SC）属于某个技术委员会，但其相对独立，拥有自身的秘书处、主席和工作组。当新的提案提出并通过，但考虑与某个技术委员会的技术领域密切相关，涉及内容较宽泛、放在一个工作组内不利于工作开展时，IEC 标准管理局（SMB）同相关方商量后同意在某个技术委员会内成立分委员会。

项目组（PT）通常只是临时存在，设在技术委员会或分技术委员会下面。当新的提案被提出并通过，但考虑标准化工作比较具体单一、可尽快完成时，考虑不成立工作组而只成立项目团队，通常提案提出国的专家担任项目团队领导。

联合工作组（JWG）是两个技术委员会之间联合成立的工作组，放在其中某个技术委员会内，与分技术委员会和工作组并列。当一个提案被提出并通过，但考虑其标准化工作涉及两个领域时，适合成立联合工作组。

IEC 的专业标准化技术委员会的建立取决于所计划编写标准的技术领域范围。如果是一个全新的技术领域，则可成立新的 TC 组织，其组建流程大致如下。

一、IEC 专业标准化技术委员会组建流程

（一）前期研究

在确定 IEC 标准编写之前，与国内标准编写一样，也需要进行前期研究，包括 IEC 标准制定的必要性、可行性，以及对标准主要技术内容的确立进行调查、分析、研究、审定和最终提出标准计划项目建议等。

（二）编写提案

经过前期研究，确定 IEC 标准制定具有可行性，可开始编写

IEC 新工作项目提案（new proposal，NP），提案中需说明提案涉及的范围；阐述新提案成立的理由，包括市场需求、标准需求；说明和内外机构标准化工作的关系及是否涉及专利等。

（三）提案提交

由国家委员会将提案交给 IEC 中央办公室，中央办公室首先进行初审。如果提案信息相对完整，则提交标准管理局进行审议。

如果提案内容与现行技术活动无重复，且提出成立的技术机构形式较为合适，则直接成立技术机构，即 TC。

SMB 对 IEC 新技术领域提案的处理过程如图 6-1 所示。

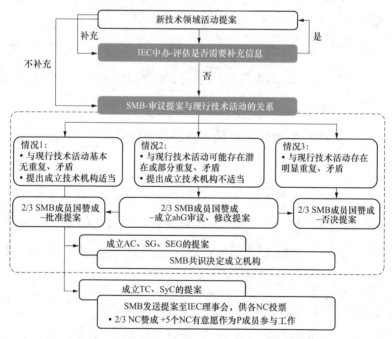

图 6-1　SMB 对 IEC 新技术领域提案的处理过程

（四）组建秘书处

当新的技术委员会成立时，提出提案的国家成为秘书处所在国，发起提案的国内单位成为秘书处工作承担单位，可提名秘书（一人）、秘书助理（最多两人）提交 SMB 批准，IEC 中央办公室任命一名技术官、指导秘书处工作。

秘书处的主要工作内容包括但不限于：

（1）准备工作文件。

（2）筹备会议（议程、工作报告、所有会议中需要讨论的文件）。

（3）记录决议及后续执行情况，完成会议纪要。

（4）准备所属机构战略方向性文件并进行更新。

（5）准备向上一级管理机构的工作报告。

（6）协调下设工作组等的工作开展情况。

（7）管理标准的维护工作。

（8）其他事务性工作。

依据秘书处的工作内容，国内秘书处工作承担单位除完成上述工作外，还应接受国内对口管理机构的管理，并为开展秘书处工作提供办公保障条件。

秘书（电力专业标委会秘书长应对照此职责开展工作）的主要职责包括：

（1）熟悉委员会工作计划列出的所有正在进行的项目、所处阶段及完成时间。

（2）拟定各类会议议程草案，确保日程安排既无时间与资源浪费，又有充分的讨论议题，会前将讨论文件分发至参会人员。

（3）起草各类重要流转文件，包括年度工作报告、会议纪要、各类用于评论的草案等。

（4）定期对战略规划类文件（标准体系、路线图、白皮书等）进行修订。

（5）及时收取和回复来自中央办公室或技术官员的相关文件、征询、通知等。

（6）协助会议承办方组织相关会议的召开。

（7）指导本技术委员会技术工作按照相关导则开展，随时回答本技术委员会人员关于流程和标准编制方面的疑问。

（8）注意收集上一级管理机构文件中与本技术委员会相关的决议等内容。

（9）推广本技术委员会活动。

（10）特别需要注意两类文件，即新工作项目提案（NP）和用于投票的标准草案（CDV）。

◆ 对于NP，能就相关资源和任务分配、市场相关度，以及与现有工作可能的重复提出意见；

◆ 对于CDV，提交投票后，与主席及项目负责人协商，如果草案被否定，下一步进行的工作和应如何对其进行修改完善。

二、提交 IEC 标准提案流程

向 IEC 提交标准提案（非全新技术领域）时，工作大致主要经历国内阶段、预备阶段、提案阶段、准备阶段、委员会阶段、询问阶段和出版阶段 7 个阶段。

（一）国内阶段

工作任务：通过国家标准化管理委员会向 IEC 提交申请。

工作程序：进行前期调研，在具备 IEC 标准制定可行性后，形成提案，递交国内对应技术标委会审核，审核通过后由标委会递交国家标准化管理委员会，经国家标准化管理委员会审核、确认后，向 IEC 递交申请。

（二）预备阶段

工作任务：参加技术委员会（TC）大会，现场提案答辩。

工作程序：IEC 对各国提交的预备项目进行评价，在每年 TC 大会上组织答辩。预备项目得到现场 P 成员（具有投票权的成员国）的简单多数票赞成，纳入工作计划。

重点事项：与 TC 主席、专家进行沟通，争取支持。

（三）提案阶段

工作任务：投票确认是否立项。预备阶段至提案阶段为期 1 年。

工作程序：准备标准大纲，书面提交 TC。TC 分发给 P 成员书面投票，2/3 赞成则通过。在下一次的 TC 大会上公布结果，确认立项。

重点事项：从预备答辩到正式立项，历经两次 TC 大会，至少需要 1 年时间。项目团队要根据 TC 大会召开时间，做好申报规划，踩准时间节点。

（四）准备阶段

工作任务：准备工作草案，为期 1～2 年。

工作程序：成立工作组，确定召集人，当 P 成员国数量少于或等于 16 个时，至少需要 4 个 P 成员国专家参与；当 P 成员国数量大于或等于 17 个时，至少需要 5 个 P 成员国专家参与。

召集人进行任务分工，组织推进会议，完成工作草案，提交 TC 秘书处。

（五）委员会阶段

工作任务：TC 秘书处征求国家团体对草案的意见，在技术内容上进行协商一致，不表决。

工程程序：TC 秘书处将草案分发给 P/O 成员国考虑，每次征求意见的时间可由秘书处根据文本质量选择 8～16 周不等。工作组针对评论意见，进行答复完善。这一过程可以根据文本质量多次征求意见。

（六）询问阶段

工作任务：P 成员国对草案进行投票，确定是否通过。

工作程序：TC 秘书处 4 周内将草案分发给所有国家投票。赞成票超过 2/3，且反对票不多于 1/4，通过。投票为期 12 周。

若无反对票，修改完善，进入出版阶段；若有反对票，修改完善，再次进行投票。

（七）出版阶段

修改 TC 秘书处指出的所有错误，印刷和分发，为期 6 周。

第三节 标准的外文版翻译工作

为支持国家"一带一路"战略实施和电力企业"走出去"，满足电力企业拓展国际市场需求，推动中国技术和标准输出，加强国际技术交流，提高中国电力标准的国际影响力和引领，进入新世纪后，中电联着手启动了电力标准的外文版翻译工作。电力标准外文版翻译工作，从水电建设标准的英文版翻译开始渐次推广，已向火电施工、电网建设及电力生产运行等各领域展开。为推动这项工作的有序健康持续开展，2011 年 7 月，中电联标准化管理中心启动成立了电力标准外（英）文版翻译工作领导小组，负责对电力标准外（英）文版翻译工作进行统一部署和安排。

目前，电力行业标准外（英）文版翻译工作重点以英文版翻译为主，围绕促进"一带一路"建设、国际产能合作、海外工程或服务项目、国际技术交流等相关领域的标准化需求展开。

一、我国电力行业标准英文版现状

自我国首部中国电力行业标准英文版发行以来，电力行业标准翻译已成为电力行业标准化工作的一个重要工作。电力行业标准英文版翻译工作为电力企业海外工程提供了重要的技术支撑，促进了国际的技术交流与相互理解，提高了电力行业标准应用范围和电力企业参与国际项目的能力，推动了电力企业"走出去"战略的实施。截至 2020 年年底，有 300 余项电力行业标准已经翻译出来并经有关部门发布。近 5 年（2016～2020 年），电力行业共完成 192 个标准英文版的翻译工作，多个专业标准化技术委员会和数十家电力企业共同参与了电力行业标准英文版的翻译工作。

二、电力行业标准英文版翻译流程

电力行业标准英文版翻译工作流程通常如下：

◆ 申报单位结合电力行业标准在海外工程项目应用情况开展调研和需求分析；

◆ 申报单位填写行业标准英文版项目任务书；

◆ 申报单位将项目任务书等文件提交至相关专业标委会进行审核；

◆ 标委会对任务书、申报单位资质等进行审核，与标准主编单位沟通；

◆ 经标委会审核通过后，提交至中电联进行审核；

◆ 经中电联审核通过后报相关机构（国家标准化管理委员会、住房和城乡建设部、国家能源局）或中电联团体标准审批；

◆ 标委会组织和协调申报单位、标准主编单位组成翻译工作组开展标准翻译工作；

◆ 标准英文翻译版征集意见；

◆ 标准翻译工作组对征集意见进行收集和处理后提交至标委会组织审查；

◆ 标委会组织标准英文版送审稿审查会；

◆ 申报单位根据审查意见修改完善标准英文版并准备报批材料；

◆ 申报单位将标准英文版和相关材料报标委会进行审定；

◆ 标委会审定通过后报中电联审核；

◆ 中电联审核通过后报标准英文版计划下达机构审批发布；

◆ 标准英文版发布后中电联组织出版发行。

附录一　电力专业标准化技术委员会常用文件格式

一、行业标准常用文件格式示例（见附表 1-1～附表 1-13）

附表 1-1

行业标准项目任务书

项目名称			主要起草单位			
制定或修订		被修订标准号		完成时间		标准类别
目的和理由：						
适用范围和主要技术内容：						
国内外情况及现有标准简要说明：						
采用的国际标准或国外先进标准编号、名称及采标程度				经费预算		
负责起草单位意见	（签字、盖公章） 年　月　日	技术委员会或技术归口单位意见	（签字、盖公章） 年　月　日	行业标准化管理机构意见		（签字、盖公章） 年　月　日

联系人：　　　　　　　　　　　　　　　联系电话（手机）：

注　如本表空间不够，可另附页。

附表 1-2

行业标准项目计划汇总表

联系人：　　　　　　　　　　　　　联系电话（手机）：

序号	标准项目名称	标准类别	制定或修订	完成年限	技术委员会或技术归口单位	主要起草单位	适用范围和主要技术内容	采标号	代替标准	经费预算（万元）
1										
2										
3										
4										

附表 1-3

行业标准项目计划调整申请表

标准名称		能源局计划批准文号及项目编号	
申请调整的内容			
理由和依据			
主要起草单位	单位名称：		
	负责人：	（签名、盖公章）	年　月　日
技术归口单位	单位名称：		
	负责人：	（签名、盖公章）	年　月　日
行业标准化管理机构意见	机构名称：		
	负责人：	（签名、盖公章）	年　月　日

行业标准化管理机构承办人：　　　　　　　　电话：

附表 1-4

行业标准征求意见汇总处理表

标准项目名称：　　　　　　　　　　　　　　　　　　　承办人：

标准项目起草单位：　　　　　　　　　　　　　　　　　电话：

序号	章节条款	意见内容	意见提出单位	处理意见及理由

说明：①提出意见数量：××个；

　　　②标准起草单位或工作组对意见处理结果：采纳××个，未采纳××个；

　　　③标准化技术委员会或标准化技术归口单位审查意见：采纳××个，未采纳××个。

附表 1-5

行业标准送审稿函审结论表

标准项目名称			
标准项目负责起草单位		组织函审单位	
函审时间	发出日期		
	投票截止日期		
回函情况： 函审单总数： 　赞　成：共　　　个单位，其中：赞成，但有意见或建议：　　　共　　　个单位 　不赞成：共　　　个单位，其中：如果采纳意见或建议改为赞成：　　　共　　　个单位 　弃　权：共　　　个单位 　未复函：共　　　个单位			
函审结论：			
组织审查单位： 　　　　　　　　　　　　　　　　负责人： 　　　　　　　　　　　　　　　　（签名、盖公章） 　　　　　　　　　　　　　　　　年　　　月　　　日			

组织函审单位承办人：　　　　　　　　　　　　　　　　联系电话：

附表 1-6

行业标准送审稿函审单

标准项目名称:
标准项目负责起草单位:
函审单总数:
发 出 日 期: 年   月   日
函审截止日期: 年   月   日

函审意见:	
赞成	☐
赞成,但有意见或建议	☐
不赞成	☐
不赞成,如采纳意见或建议改为赞成	☐
弃权	☐

建议、意见或理由如下:	
专业标准化技术委员会委员(签名):	审查单位技术负责人(签名)
年　　月　　日	年　　月　　日(盖公章)

说明:①表决方式是在选定的方框内划"√",只可划一个,选划两个框以上者按废票处理(废票不计数);

②回函说明提不出意见的单位按赞成票计;没有回函按弃权票计;

③回函日期,以邮戳为准;

④建议、意见或理由栏,幅面不够可另附纸。

审查单位承办人:	电话:

说明:专业标准化技术委员会组织审查时由委员签名即可;专业标准化技术归口研究所组织审查时,由参加审查单位技术负责人签字并加盖公章。

附表1-7

行业标准申报单

标准名称		标准项目批准文号及项目编号	
		国际标准分类号	
		中国标准分类号	
制、修订	（1）制定　　（2）修订	被修订标准编号	
标准性质	（1）强制性标准	（2）推荐性标准	
标准类别	（1）基础　　　　　（2）方法　　　　　（3）产品 （4）工程建设　　　（5）节能综合利用　（6）安全生产 （7）管理技术　　　（8）其他		
采用国际标准或国外先进标准的程度	（1）等同采用　　　　　　　（2）修改采用		
	被采用的标准编号：		
标准水平分析	（1）国际先进水平　　　　　（2）国际一般水平 （3）国内先进水平		
有无需协调的问题和其他需说明的事项			
行业标准化管理机构		标准技术归口单位		标准负责起草单位	
承办人		电话		填报日期	年　　月　　日

附表 1-8

报批行业标准项目汇总表

联系人：　　　　　　　　　　　　　　　联系电话（手机）：

序号	标准计划号	标准类别	标准编号	标准名称	被代替标准号	采标情况	建议实施日期	技术委员会或技术归口单位	国际标准分类号	中国标准分类号

附表 1-9

行业标准复审确认项目汇总表

序号	标准编号	标准名称	备注

联系人：　　　　　　　　　　　　　　　联系电话（手机）：

附表 1-10

行业标准复审废止项目汇总表

序号	标准编号	标准名称	废止理由

联系人：　　　　　　　　　　　　　　　联系电话（手机）：

附表 1-11

行业标准复审修订项目汇总表

序号	标准编号	标准名称	备注

联系人：　　　　　　　　　　　联系电话（手机）：

附表 1-12

行业标准复审意见表

标准编号					
标准名称					
技术委员会或技术归口单位					
复审单位		复审技术负责人		电话	

复审简况及内容：

技术委员会或技术归口单位意见：
继续有效　□
修　　订　□
废　　止　□

签字：
（盖章）
　　　　年　　月　　日

附表 1-13

行业标准修改通知单

NB/T ××××—××××

（标准名称）

第×号修改单

本修改单经国家能源局于××××年××月××日以××字第×××号文批准，自××××年××月××日起实施。

①更改：

②补充：

③改用新条文：

二、中国电力企业联合会标准常用文件格式示例（见附表 1-14～附表 1-16）

附表 1-14

中国电力企业联合会标准项目申请书

项目名称			主要起草单位		
制定或修订		被修订标准号		标准类别		完成时间	
目的和理由：							

续表

适用范围和主要技术内容：			
国内外情况及现有标准简要说明：			
专业标准化 技术委员会意见	签字（公章） 年　月　日	负责起草单位 意见	签字（公章） 年　月　日
标准计划申报单位联系人		联系电话	

注　如本表空间不够，可另附页。

* 标准类别为：基础、安全卫生、环保、管理技术、方法、产品、工程建设、
其他等。

附表 1-15

中电联标准征求意见汇总处理表

标准项目名称：　　　　　　　承办人：　　　共　页　第　页
标准项目起草单位：　　　　　电话：　　　　年　月　日 填写

序号	标准章条编号	意见内容	提出单位 （人）	处理意见及理由

说明：①提出意见数量：　　　个；

②标准起草单位或编制组对意见处理结果：采纳　　　个，未采纳　　　个。

附表 1-16

中国电力企业联合会标准申报单

标准名称		计划批准文号及项目编号	
		国际标准分类号	
		中国标准分类号	
标准类别*	（1）基础　　　　　（2）安全卫生　　　　　（3）环境保护 （4）工程建设　　　（5）产品　　　　　　　（6）方法 （7）管理技术　　　（8）其他		
采用国际标准或国外先进标准的程度和标准号*	（1）等同采用　　　　　　　　　（2）修改采用		
	被采用（国际或国外先进标准）的标准编号：		
标准水平分析*	（1）国际先进水平　　　　　　　（2）国际一般水平 （3）国内先进水平		
标准简介（主要技术内容及意义）			
需协调的问题和需说明的事项			
专业标准化技术委员会意见	签字（公章）： 　年　　月　　日	负责起草单位意见	签字（公章）： 　年　　月　　日
申报单位联系人		联系电话		填报日期	年　月　日

填写说明：请在表中*处选定的内容上划"√"确定。

三、电力专业标准化技术委员会常用文件格式示例

示例 1：标准征求意见通知

文号

关于征求×××标准《×××》意见的函

各位委员、各有关单位：

　　根据标准计划下达机构"关于下达 20××年标准制（修）订计划的通知"（下达计划文号、计划号）要求，由我标委会归口、××××单位和××××单位负责起草的电力行业（国家）标准《××××》已完成征求意见稿，现征求意见，请登录××××网站（网址：××××，密码：××××）资料下载专栏下载标准征求意见稿及相关资料。请你们结合电力工业生产实际组织本单位相关专业人员对标准提出具体修改意见或建议，并请于××××年××月××日前，将意见反馈至标委会。

　　联　系　人：×××

　　通信地址：××市××路××号　（邮编：××××××）

　　电子信箱：××××@×××.×××

　　联系电话：区号-固定电话号，移动电话号

　　附件：电力标准征求意见回函表

标委会公章

20　　年　　月　　日

抄报：中国电力企业联合会标准化管理中心

附件

《××××》标准征求意见回函表

填表单位（公章）：

序号	章条或页码	原条文内容	建议修改内容	修改理由
1				
2				
3				
4				
...				

填表人：　　　　联系电话：　　　　电子信箱：

填表时间：20　　年　　月　　日

示例 2：标准审查会通知

文号

关于召开×××标准《××××》××稿审查会的通知

各位委员、各有关单位：

根据标准计划下达机构"关于下达 20××年标准制（修）订计划的通知"（下达计划文号、计划号）要求，由我标委会归口、××××单位和××××单位负责起草的电力行业（国家）标准《××××》已完成××××稿，经研究，定于××××年××月××日至××日在××××市召开该标准××××稿审查会，请各位委员及相关单位届时参加。现将有关事项通知如下：

一、会议时间

报到：××××年××月××日

会议：××××年××月××日至××月××日

二、会议地点

××××市××××宾馆

（××××市×××号，电话：区号-电话号码）

三、联系方式

联 系 人：　　　　×××

通信地址：××市××路××号 （邮编：××××××）

电子信箱：××××@×××.×××

联系电话：区号-固定电话号，移动电话号

请与会人员于20××年××月××日前将会议回执（见附件1）反馈至联系人，标委会委员如有特殊工作安排不能到会的需填写请假单（见附件2），并加盖单位公章。

四、会议资料

标准××××稿及相关资料请从×××网站下载（网址：×××，密码：××××），请参会代表提前审阅。

本次会议会务工作由××××承办。会议统一安排食宿，费用自理。

附件：1.《××××》标准审查会会议回执

　　　2．×××委员请假单

标委会公章

20××年××月××日

抄报：中国电力企业联合会标准化管理中心

附件 1

《××××》标准审查会会议回执

单　位			
姓　名		性别	
职称、职务		移动电话	
电子信箱			
到达时间	航班	车次	
备　注	如委员本人未到会，应说明原因		

附件 2

×××委员请假单

工作单位			
姓　名		标委会职务	
请假原因			
请假时间		请假人签名	

示例 3：标准审查会议纪要

文号

电力行业/国家标准《×××》×××稿审查会议纪要

各位委员，各有关单位：

  ×××标准化技术委员会于 201×年××月××日在××市组织召开电力行业/国家标准《×××》××稿审查会议，参加会议的有电力行业（全国）××××专业标准化技术委员会委员××人以及相关单位××××（单位名称）的代表**人（见附件 1），标准审查符合标准审定人数要求。

  会议听取了标准起草组关于标准编制工作的说明以及标准主要内容的介绍，经与会委员及代表认真审查和讨论，形成纪要如下：

  一、

  二、

  三、

  四、会议对部分条文提出了具体修改意见（见附件 2）。

  与会委员及专家一致同意《××××》××稿通过审查，要求起草组按照审查意见修改后，尽快完成××稿。

  附件：1. 电力行业（国家）标准《×××》××稿审查会

    专家名单

2.《×××》具体修改意见（略）

标委会公章

201×年××月××日

附件1

电力行业（国家）标准《×××》××稿审查会
专家名单

序号	姓名	职称、职务	工作单位	签字
1				
2				
3				
4				
5				
……				

示例 4：标准报批文

文号

关于报批《××××》电力行业（国家）标准的函

中国电力企业联合会标准化管理中心：

根据标准计划下达机构"关于下达20××年标准制（修）订计划的通知"（下达计划文号、计划编号）要求，由我标委会归口、××××单位和××××单位负责起草的电力行业（国家）标准《××××》已完成编制与审查工作。现将标准报批稿及相关材料报上，请予编号、审批。

建议该标准以推荐（强制）性电力行业标准发布。

附件：××××标准申报单

　　　××××标准报批稿

　　　××××标准编制说明

　　　××××标准审查会会议纪要

　　　××××标准征求意见稿意见汇总处理表

　　　××××标准更名报告（与计划名不同时）

采用的国际标准或国外标准原文影印件和译文

上述文件光盘

标委会（公章）

20　年　月　日

示例 5：标准更名报告（标准报批稿与计划名不同时）

文号

关于《××××》电力标准的更名报告

中国电力企业联合会标准化管理中心：

根据标准计划下达机构"关于下达 20×× 年标准制（修）订计划的通知"（下达计划文号、计划号）要求，由我标委会归口、××××单位和××××单位负责起草的电力行业（国家）标准《××××》已完成编制与审查工作。在标准编制过程中，经标委会××××会议审议，该标准名称最终确定为《××××》，理由如下：

一、

二、

……

与标准下达计划名称发生变更，特提出更名申请，请予审批。

标委会公章

20　年　　月　　日

四、国家能源局行业标准代号及管理范围（涉及电力部分）

（一）电力

行业标准名称	行业标准代号	主管部门	行业标准管理范围	批复文件
电力	DL	国家能源局	一、电力综合及基础 1. 电力质量管理 2. 电力基础及通用标准 3. 电力工业管理与技术考核 4. 操作、控制、监测设备人机工程设计 二、电力系统 1. 电力系统短路电流、电压；电流频率 2. 电力系统绝缘配合及接地防雷技术 3. 供用电 4. 输变电 5. 电网规划 6. 电力系统静态继电保护 7. 电力系统调度通信及监控 8. 电力系统运动通信及电力负荷控制系统 9. 节能 10. 带电作业及其设备 11. 电力系统可靠性 三、电力试验技术 1. 高电压试验技术 2. 预防性试验技术 3. 电力运行设备试验 4. 电厂化学试验 5. 电力设备检修 6. 电力测量技术 7. 电力在线监测 四、电力安全监察 1. 电力安全技术及卫生 2. 电力安全监察标准 3. 电力安全管理要求 五、电力专用设备产品 1. 输电线路器材（输电线路铁塔及附件；电力金具及备件，带电作业器具）	《关于电力行业标准归口管理范围的批复》（技监局标发〔1991〕444号）

续表

行业标准名称	行业标准代号	主管部门	行业标准管理范围	批复文件
电力	DL	国家能源局	2.电站辅助设备(电站化工处理设备,电站污水处理设备、电站水汽取样装置,电站锅炉清洗装置、电力管道及支吊架) 3.电力专用施工设备(输变电线路施工设备、电站专用缆机) 六、农村电气化有关标准	《关于电力行业标准归口管理范围的批复》(技监局标发〔1991〕444号)

（二）能源

行业标准名称	行业标准代号	主管部门	行业标准管理范围	批复文件
能源	NB	国家能源局	1.石油 2.天然气 3.电力(含核电) 4.炼油、煤制燃料和燃料乙醇 5.新能源和可再生能源 6.能源行业节能与资源综合利用 7.能源装备	《关于能源行业标准归口管理范围的复函》(国标委综合函〔2009〕32号)

附录二　电力行业专业标准化技术委员会一览表（截止到 2021 年 3 月 1 日）

序号	标委会编号	标委会名称	业务领域	秘书处联系人	秘书处联系电话（座机）
1	DL/TC 02	电力行业电力变压器标准化技术委员会	电力变压器（含电抗器、互感器）技术条件、运行、安装、试验方面的标准	国网电力科学研究院有限公司	027-59258247
2	DL/TC 03	电力行业电力电容器标准化技术委员会	电力电容器技术条件、运行、安装、试验及无功等方面的标准	南方电网电力科学研究院有限公司	020-36625351
3	DL/TC 06	电力行业高压开关设备及直流电源标准化技术委员会	高压开关及开关类设备的技术条件、运行、安装、试验等方面的标准	中国电力科学研究院有限公司	010-82812457
4	DL/TC 07	电力行业电站汽轮机标准化技术委员会	电力行业内，从事汽轮机及系统、汽轮机辅机及系统（包括空冷系统）的标准化工作	西安热工研究院有限公司	029-82001307
5	DL/TC 08	电力行业电站锅炉标准化技术委员会	电站锅炉技术条件、运行及安装方面的标准	西安热工研究院	029-82001616
6	DL/TC 09	电力行业电机标准化技术委员会	火力发电厂的大型发电机及其励磁系统、厂用电及辅助系统等相关领域技术标准	国网冀北电力科学研究院有限公司	010-88072875

序号	标委会编号	标委会名称	业务领域	秘书处联系人	秘书处联系电话（座机）
7	DL/TC 10	电力行业水轮发电机及电气设备标准化技术委员会	电力行业水轮发电机及电气设备标准化技术工作，范围包括水电站水轮发电机、辅助设备、高压电气设备的技术条件、安装、试验及运行和检修方面的标准	牟官华	010-58382638
8	DL/TC 11	电力行业气体绝缘金属封闭电器标准化技术委员会	金属封闭电器技术条件、运行、安装、试验方面的标准	中国电力科学研究院有限公司	010-8281 4482
9	DL/TC 12	电力行业高压直流输电技术标准化技术委员会	高压直流输电技术及设备技术条件、运行、安装、试验方面的标准	中国电力科学研究院有限公司	010-8281 3353
10	DL/TC 13	电力行业电厂化学标准化技术委员会	电厂化学专业的技术条件、试验技术、运行方面的标准	西安热工研究院有限公司	029-8200 1096
11	DL/TC 14	电力行业高压试验技术标准化技术委员会	电力系统内高压试验技术及设备的技术条件、运行、安装、试验方面的标准	中国电力科学研究院有限公司	010-8281 2273
12	DL/TC 14/SC1	电力行业高压试验技术委员会现场检测场领域分技术委员会	高压交、直流电气设备现场检测方法及现场检测装备等领域的标准化技术归口工作	汪涛	暂无
13	DL/TC 15	电力行业继电保护标准化技术委员会	电力系统继电保护技术条件、运行、安装、试验方面的标准	南京南瑞继保电气有限公司	025-8717 8763

续表

序号	标委会编号	标委会名称	业务领域	秘书处联系人	秘书处联系电话（座机）
14	DL/TC 16	电力行业绝缘子标准化技术委员会	绝缘子、防污秽设备的技术条件、运行、安装、试验方面的标准	中国电力科学研究院有限公司	027-59258181
15	DL/TC 17	电力行业水电站自动化设备标准化技术委员会	水电站发电机励磁系统、水轮机调速器（包括集控中心）计算机监控系统、水电智能化、水调及水情自动化测报系统、机组自动化元件、与水电站自动化相关的专业技术及管理标准（如在线监测诊断及状态检修、火灾报警装置、工业电视等）、抽水蓄能机组自动化的相关技术标准	水电科学研究院	010-68572267
16	DL/TC 18	电力行业电站焊接标准化技术委员会	采用焊接方式连接以及采用焊接方式对电力设备部件和构建进行修复和处理的相关技术条件标准。涉及焊接人员、金属材料、焊接材料、焊接结构、焊接设备、焊接工艺、焊接热处理、焊接检验、焊接质量验收等	张浩	010-58836178
17	DL/TC 19	电力行业电力电缆标准化技术委员会	电力电缆及附件技术条件、运行、安装、试验方面的标准	欧阳本红	027-59258270
18	DL/TC 20	电力行业电站阀门标准化技术委员会	火力发电厂用各类阀门的技术条件、选型、造型、订货验收、检修及其他相关标准的制订修订	李永康	029-82001380

续表

序号	标委会编号	标委会名称	业务领域	秘书处联系人	秘书处联系电话（座机）
19	DL/TC 22	电力行业电测量标准化技术委员会	电测量技术条件、运行、安装、试验方面的标准	王册	010-82812307
20	DL/TC 23	电力行业电站金属材料标准化技术委员会	电站金属材料技术条件、运行、试验方面的标准	李勇	029-82002762
21	DL/TC 26	电力行业电力燃煤机械标准化技术委员会	燃煤机械专业技术领域的标准化工作	华电电力科学研究院有限公司	0571-85246359
22	DL/TC 27	电力行业信息标准化技术委员会	电力信息技术领域标准化工作，包括信息编码、信息技术在电力工业中的应用等标准制修订工作	中国电力科学研究院有限公司	010-82812458
23	DL/TC 28	电力行业热工自动化与信息标准化技术委员会	电站热工自动化与信息控制领域相关行业标准制定、修订及宣贯	西安热工研究院有限公司	029-82002007
24	DL/TC 29	电力行业水电施工标准化技术委员会	制定、修订、审查水电站枢纽工程及大型临时工程建设所涉及的施工组织设计：工程建筑材料；施工（含安装、装配）工艺；施工质量、安全；施工企业自行开发研制生产的设备、机具、仪器、仪表产品；施工管理等的技术标准	吕茜	010-58368873

续表

序号	标委会编号	标委会名称	业务领域	秘书处联系人	秘书处联系电话（座机）
25	DL/TC 29/SC1	电力行业水电施工标准化技术委员会试验分技术委员会	电力行业水电施工材料与结构试验标准体系统筹管理，水电水利工程原材料、现浇或预制水工混凝土、岩基、土工、修补与防护材料、工程结构服役状况等试验检测领域的标准化工作	董芸	027-82829751
26	DL/TC 30	电力行业农村电气化标准化技术委员会	农村电气化、农村电气化规划、供用电及安全、农村电用电设备等方面的标准化工作	中国电力科学研究院有限公司	010-82814339
27	DL/TC 31	电力行业可靠性管理标准化技术委员会	开展覆盖电力发、输、变、配、用全产业链，贯穿全过程电力规划、设计、建设、运行等全过程的设备、设施和系统可靠性统计、评价、评估及应用等方面的技术标准制修订工作	中电联可靠性中心	010-63413023
28	DL/TC 32	电力行业大坝安全监测标准化技术委员会	大坝安全领域的标准化技术归口工作，包括大坝安全监测、大坝安全评价、大坝安全应急管理、大坝安全信息化建设等相关业务领域	大坝安全监测中心	0571-56738082
29	DL/TC 33	电力行业环境保护标准化技术委员会	火力发电及输变电工程的环境治理、环境监测、环境管理	华电电力科学研究院有限公司	025-89620718

续表

序号	标委会编号	标委会名称	业务领域	秘书处联系人	秘书处联系电话（座机）
30	DL/TC 36	电力行业电网运行与控制标准化技术委员会	电网调度、支行方式、水电调度、继电保护、调度自动化、电力系统通信、电力市场技术支持系统等与电网运行有关的标准，以及有关的标准化日常工作	国家电力调度中心	010-66598018
31	DL/TC 38	电力行业过电压与绝缘配合标准化技术委员会	电力行业过电压与绝缘配合、防雷和避雷器专业领域的技术标准化技术归口、组织编制过电压与绝缘配合、防雷和避雷器类的电力行业标准	中国电力科学研究院有限公司	010-8281364
32	DL/TC 40	电力行业电能质量及柔性输电标准化技术委员会	电力行业输电、配电系统中电能质量的分析、测量、治理以及电力能质量监督管理及输电、配电系统中应用柔性输电技术领域的规范和标准化技术归口工作	孙灿	010-66601209
33	DL/TC 41	电力行业联合循环发电标准化技术委员会	在燃气-蒸汽联合循环（主要燃用天然气、煤层气、高炉煤气等）电站、用作分散式电源的联合循环发电机组、燃料电池联合循环发电系统和常规联合循环发电技术领域内，针对联合循环发电设备开展标准化工作；负责检测评价、电站设计、设备选型、性能检测评价，以及安装、调试、运行、维护、检修与维护、实验、验收等涉及电力生产全过程的标准制、修订以及标准的宣传贯彻和咨询等工作	肖俊峰	029-8200115

续表

序号	标委会编号	标委会名称	业务领域	秘书处联系人	秘书处联系电话（座机）
34	DL/TC 42	电力行业电气工程施工及调试标准化技术委员会	输电线路工程施工及电气施工技术、电气调整试验等领域标准化工作	田晓	010-58386153
35	DL/TC 43	电力行业供用电标准化技术委员会	供用电系统规划、配电网系统与自动化、电力营销及信息管理、配电系统线损等领域的标准化工作	王珊	010-82812307
36	DL/TC 44	电力行业火电建设标准化技术委员会	火电建设领域的标准化工作。组织编制火电建设领域标准体系；本专业领域标准的制定、修订和复审工作；对本专业领域标准的实施情况进行跟踪调查和分析研究等工作	马绪胜	010-83259973
37	DL/TC 44/SC1	电力行业火电建设标准化技术委员会建筑及管理分技术委员会	火电建设领域的建筑和管理类方面标准化工作。组织编制火电建设建筑及管理领域标准体系；负责本专业领域标准的制定、修订和复审工作；组织本专业领域标准的宣贯工作；对本专业领域标准的实施情况进行跟踪调查和分析研究等工作	马绪胜	010-83259973

序号	标委会编号	标委会名称	业务领域	秘书处联系人	秘书处联系 电话（座机）
38	DL/TC 44/SC2	电力行业火电建设标准化技术委员会热机安装分技术委员会	火电建设领域的热机安装专业标准化工作。组织编制火电建设热机安装领域标准的制定、修订和复审工作；负责本专业领域标准的宣贯工作；对本专业领域标准的实施情况进行跟踪调查和分析研究等工作	马绪胜	010-83259973
39	DL/TC 44/SC3	电力行业火电建设标准化技术委员会热控及化水分技术委员会	火电建设热控及化水领域的标准化工作。组织编制火电建设热控及化水领域标准的制定、修订和复审工作；负责本专业领域标准的宣贯工作；对本专业领域标准的实施情况进行跟踪调查和分析研究等工作	马绪胜	010-83259973
40	DL/TC 46	电力行业节能标准化技术委员会	发电、输电系统中节能领域的基础、分析、检测方法和指标，能效要求等标准；能效经济评价及后评价标准等	中电联节能限制标准，节能审核标准；能耗行环部	010-6314471
41	NEA/TC 1/SC3	能源行业风电标准化技术委员会风电场运行维护分技术委员会	风电场运行维护管理领域	中电联标准化管理中心	010-6314311

续表

序号	标委会编号	标委会名称	业务领域	秘书处联系人	秘书处联系电话（座机）
42	NEA/TC 1/SC4	能源行业风电标准化技术委员会风电场并网管理分技术委员会	风电场并网管理领域	中电联标准化管理中心	010-6414308
43	NEA/TC 3	能源行业电动汽车充电设施标准化技术委员会	电动汽车充电设施及储能装置在电动汽车上的应用领域等领域的涉笔技术条件、运行、安装、试验方面的标准	中电联标准化管理中心	010-6414449
44	NEA/TC 25	能源行业电力应急技术标准化技术委员会	电力应急预案、技术平台、发电厂应急等相关标准化工作	冯杰	010-66601884
45	NEA/TC 30	能源行业电力安全工器具及机具标准化技术委员会	电力安全工器具及机具领域内的标准化工作	钱苗	0571-51217467
46	NEA/TC 31	能源行业电力接地技术标准化技术委员会	发电和输变电系统接地设施的设计、施工和验收，接地测试和评估，防腐和优化，接地材料等领域标准化工作	王森	029-89698395
47	NEA/TC 32	能源行业岸电设施标准化技术委员会	岸电规划设计、电网接入、装备制造、施工安装、检验检测、运行维护和计量计费等领域的标准化工作	王馨	025-81089879
48	NEA/TC 35	能源行业电力机器人标准化技术委员会	电力机器人标准体系统筹管理、基础通用、关键部件、产品类、检验检测类、报废回收等领域的标准化工作	李丽	0531-80817170

续表

序号	标委会编号	标委会名称	业务领域	秘书处联系人	秘书处联系电话（座机）
49	NEA/TC 36	能源行业涉电力领域信用评价标准化技术委员会	涉电力领域信用评价的名词术语、符号标识，分类分级等基础标准和电力建设、发电、电网、售电、参与电力市场交易型的电力用户，电力供应商、电能服务机构等类型的企业信用信息、信用评价、信用管理三方面的专业标准制修订工作	中电联科技服务中心	010-63253690
50	NEA/TC 37	能源行业燃气分布式能源标准化技术委员会	燃气分布式能源建设、系统及设备要求、试验检测、运行维护、检修、技术管理等方面的标准化工作	刘丽丽	0571-85246020
51	NEA/WG 1	能源行业综合能源服务标准化工作组	节能检测、供能质量控制、能源托管和运营等综合能源服务领域的标准化工作，同时在综合能源供应、综合能源技术装备、综合能源建设运营和综合能源互联网+等与综合能源服务有交集的领域开展标准化工作	章激扬	020-38122728
52	NEA/TC 40	能源行业电力气象标准化技术委员会	开展能源行业电力气象应用的标准体系研究，组织相关标准、规范等的制、修订工作；开展国内外能源行业气象应用相关的技术交流活动，研究相关领域用标准化的国际标准和国外先进标准，开展标准宣贯工作	魏彩云	025-81085603

续表

序号	标委会编号	标委会名称	业务领域	秘书处联系人	秘书处联系电话（座机）
53	NEA/TC 30/SC1	能源行业电力安全工器具及机具标准化技术委员会输变电工程施工机具分技术委员会	输变电工程施工机具技术领域标准化工作，开展输变电工程施工机具、检测方法、施工技术等方面的电力行业标准制修订工作	万建成	010-6349 8213
54	工作组	电力行业北斗标准化工作组	研究制定电力行业北斗标准体系，形成电力北斗标准化发展路线图；建立电力行业北斗标准化协同工作机制；协调各相关领域应用领域标准计划；推动电力行业北斗标准的制定和实施	中电联标准化管理中心	010-6341 4376
55	SAC/TC 36	全国带电作业标准化技术委员会	带电作业技术及带电作业设备、工作等专业领域标准化工作	雷兴列	027-5937 8424
56	SAC/TC 82	全国电力系统管理及其信息交换标准化技术委员会	电力系统管理及其信息交换等专业领域标准化工作	孔红磊	025-8109 2940
57	SAC/TC 154/SC5	全国量度继电器和保护设备标准化技术委员会静态继电保护装置分技术委员会	微机继电保护装置等专业领域标准化工作	何强	025-8117 8763
58	SAC/TC 163/SC1	全国高电压试验技术和绝缘配合标准化技术委员会高电压试验技术分技术委员会	高电压试验技术和绝缘配合等专业领域标准化工作	张礼莉	027-5925 8323

续表

序号	标委会编号	标委会名称	业务领域	秘书处联系人	秘书处联系电话（座机）
59	SAC/TC 202	全国电力架空线路标准化技术委员会	电力线路、施工、运行等专业领域标准化工作	张军	010-58387134
60	SAC/TC 202/SC1	全国架空线路标准化技术委员会线路运行分技术委员会	架空线路/线路运行	蔡焕青	027-59258232
61	SAC/TC 226	全国高压电气安全标准化技术委员会	高压电气安全等领域的涉笔技术条件、运行、试验方面的标准	何妍	027-59258251
62	SAC/TC 246	全国电磁兼容标准化技术委员会	电磁兼容等领域的技术条件、运行、安装、试验方面的标准	李妮	027-59258384
63	SAC/TC 321	全国电力设备状态维修在线监测标准化技术委员会	变压器、开关等电力设备安全运行维修试验及在线监测技术	中国电力科学研究院有限公司	010-82812591
64	SAC/TC 322	全国电气化学标准化技术委员会	电力生产各环节中电力设备用绝缘、冷却（不含水冷）、润滑介质的应用、检测方面的标准化工作	西安热工研究院有限公司	029-82102352
65	SAC/TC 324	全国高压直流输电工程标准化技术委员会	高压直流输电系统的调试、运行、绝缘配合、检修、安全评价、直流设备的运行、安装、验收	中国电力科学研究院有限公司	010-82813353

续表

序号	标委会编号	标委会名称	业务领域	秘书处联系人	秘书处联系电话（座机）
66	SAC/TC 376	全国电站过程监控及信息标准化技术委员会	电站测量、控制及信息	西安热工研究院有限公司	029-82002001
67	SAC/TC 424	全国短路电流计算标准化技术委员会	短路电流的计算方法及其热效应和机械效应	中国电力科学研究院有限公司	010-8814233
68	SAC/TC 446	全国电网运行与控制标准化技术委员会	电网运行与控制	国家电力调度中心	010-66598018
69	SAC/TC 549	全国智能电网用户接口标准化技术委员会	智能电网用户接口领域标准制修订工作	陈末末	010-82812773
70	SAC/TC 550	全国电力储能标准化技术委员会	全国电力储能标准化工作	胡娟	010-82813436
71	SAC/TC 564	全国微电网与分布式电源并网标准化技术委员会	微电网与分布式电源并网领域的标准体系建设、标准制定修订、标准宣贯等标准化工作，重点在微电网的技术要求、调试验收、试验检测、运行维护，以及微电网和分布式电源接入电网检测、并网调试验收、并网运行维护等方面开展标准化工作；同时，承担国际电工委员会电能供应系统方面（IEC/TC 8）对口的标准化技术业务工作	中国电力科学研究院有限公司	010-8814356

151

序号	标委会编号	标委会名称	业务领域	秘书处联系人	秘书处联系电话（座机）
72	SAC/TC 565	全国太阳能光热发电标准化技术委员会	太阳能光热发电的标准体系建设、标准制修订、标准解释等标准化工作，重点在太阳能光热发电站及其关键设备、运行技术要求、试验验收、调试检测、并网维护、以及接入电网的技术条件、并网调试验收和并网检测等标准体系方面开展标准化工作	龙泉	010-81130844
73	SAC/TC 569	全国特高压交流输电标准化技术委员会	特高压交流的标准体系建设、标准制修订、标准宣贯以及对口国际电工委员会（IEC/TC122）特高压交流系统技术委员会工作，包括基础通用规划设计、设备材料、工程建设、运行检修、测量与试验等特高压交流标准	中国电力科学研究院有限公司	010-8281462
74	SAC/TC 575	全国电力需求侧管理标准化技术委员会	电力需求管理基础、需求侧设备、需求侧管理技术、用电与交易策略（不包含用户用电策略管理）等领域标准化工作	罗鸿轩	020-36625482
75	CEC/TC 01	中国电力企业联合会配电网规划设计标准化技术委员会	配电网规划设计标准体系的研究、配电网设计相关技术领域的标准化工作，包括配电网规划、勘测、设计等技术标准的研究、编制、审定和推广	孙充勃	010-66602386

续表

序号	标委会编号	标委会名称	业务领域	秘书处联系人	秘书处联系电话（座机）
76	CEC/TC 02	中国电力企业联合会输变电材料标准化技术委员会	输变电导体材料、固体绝缘材料及磁性材料、输变电防护材料、输变电结构材料、电网用新能源材料、智能传感材料等领域标准化工作	刘辉	010-66601522
77	CEC/TC 03	中电联抽水蓄能标准化技术委员会	抽水蓄能规划设计、施工验收、运行维护、试验检测、技术管理	章亮	010-52697617
78	CEC/TC 04	中国电力企业联合会直流配电系统标准化技术委员会	直流配电施工安装调试、运行维护检修、设备技术要求、试验检测等技术标准制修订以及标准宣贯工作	李蕊	010-8214354
79	CEC/TC 05	中国电力企业联合会垃圾发电标准化技术委员会	垃圾发电规划、勘测、设计、施工、安装、调试、验收、运行维护、检修、设备技术要求、试验检测、技术管理等方面的标准化工作	刘哲	010-88894041
80	CEC/TC 06	中国电力企业联合会工程技术经济标准化技术委员会	开展电力工程造价管理与计价依据编制与管理、相关领域标准体系建设及发展规划的研究、推广	顾爽	010-63414270

序号	标委会编号	标委会名称	业务领域	秘书处联系人	秘书处联系电话（座机）
81	CEC/TC 06/SC1	中国电力企业联合会工程技术经济标准化技术委员会电网基建工程分技术委员会	电网基建工程项目决策、设计、实施、使用等阶段计价依据、计价方法的编制与体系建设；电网基建工程项目评价（前评估、经济评价和后评价）的技术方法导则编制与体系建设；全过程造价管控技术导则编制和体系建设；配合开展电网基建工程造价信息化标准体系建设	吴良峥	020-36627508
82	CEC/TC 06/SC2	中国电力企业联合会工程技术经济标准化技术委员会电网技改检修工程分技术委员会	电网工程技改检修项目决策、设计、实施、使用等阶段计价依据、计价方法的标准编制与体系建设；电网技改检修项目评价（经济评价和后评价）技术方法导则编制与体系建设、电网技改检修工程造价分析与预测，全过程造价管控技术导则编制与体系建设；电网技改检修工程造价信息化标准体系建设	俞敏	0571-51109766
83	CEC/TC 07	中国电力企业联合会电力培训标准化技术委员会	负责电力培训领域的标准化工作，包括培训与考核规范、培训师资、培训技术、培训基地建设、教材编写等技术标准的研究、编制、审定和推广等工作	徐纯毅	010-63415817

续表

序号	标委会编号	标委会名称	业务领域	秘书处联系人	秘书处联系电话（座机）
84	CEC/TC 08	中国电力企业联合会电力系统用电力电子器件标准化技术委员会	电力系统用硅功率器件、碳化硅器件及新型电力电子器件等领域的标准化工作	綦朝阳	010-6660 1309
85	CEC/TC 09	中国电力企业联合会电力金具标准化技术委员会	电力金具名词术语、命名方法、通用技术条件、试验方法等领域的标准化工作	周立宪	010-5838 6289
86	CEC/TC 10	中国电力企业联合会杆塔及基础标准化技术委员会	输电线路杆塔及基础领域的标准化工作，包括杆塔结构和基础设计、材料及加工、试验方法等	吴静	010-5838 6196
87	CEC/TC11	中国电力企业联合会电力供热标准化技术委员会	热电联产集中供热技术以及电力转化供热技术、开展电力行业供热系统相关标准体系的研究、建立一套专业完整、分级合理、有序适用的供热标准体系，为我国供热产业及其相关产业的发展提供坚强的标准支撑，进而推动行业有序发展	孙志宇	暂无
88	CEC/TC 12	中国电力企业联合会地理信息应用标准化技术委员会	围绕地理信息技术在电力行业中的应用、研究、构建电力行业地理信息标准体系，组织开展电力行业地理信息相关标准的编制、审查、复审和宣贯工作	庞辉	010-5372 7922

序号	标委会编号	标委会名称	业务领域	秘书处联系人	秘书处联系电话（座机）
89	CEC/TC 13	中国电力企业联合会能源互联网标准化技术委员会	能源互联网发展路线图、基础设施、信息资源、能源服务、政策监管、规划设计、工程建设、运行维护、试验检测等方面的标准研制和推广	陆一鸣	010-82813321
90	CEC/TC 14	中国电力企业联合会输变电工程遥感测量标准技术委员会	电力遥感数据资源管理、多源遥感影像数据获取及处理技术、航空遥感技术在输变电工程应用等领域的技术标准体系；编制、审查相关标准	韩文军	010-66602677
91	CEC/TC 15	中国电力企业联合会电能替代标准化技术委员会	电能替代技术领域包括分散式电采暖、电（蓄热）锅炉采暖、热泵、电蓄冷空调、工业窑炉、家庭电气化、轨道交通、农业电排灌、龙门吊"油改电"、油田钻机"油改电"、机场桥载设备替代飞机 APU、电制茶电烤烟、自备电厂替代等领域的标准化工作	钟鸣	010-82813230
92	CEC/TC 16	中国电力企业联合会火力发电企业燃料管理标准化技术委员会	火力发电领域燃料采购、接卸、验收、储存、掺配、输送、业务核算与信息系统计等方面标准的制定、修订和宣贯	田力	010-63414398

序号	标委会编号	标委会名称	业务领域	秘书处联系人	秘书处联系电话（座机）
93	CEC/TC 17	中国电力企业联合会电力工程信息模型应用标准化技术委员会	电力工程全生命周期信息模型应用标准化工作，包括通用标准及按应用标准配类型划分的标准的制修订工作，标准范围涵盖变电、输电、配电、风电、光伏、火电、水电、核电等工程类型	李佳	010-52398294
94	CEC/TC 18	中国电力企业联合会输变电工程三维设计标准化技术委员会	输变电工程三维设计标准化技术组织和管理工作，负责三维设计专业技术领域的标准化技术归口工作	秦加林	010-52398206
95	CEC/TC 19	中国电力企业联合会电力科技评价标准化技术委员会	负责电力行业科技评价标准体系的统筹管理，加强电力科技评价标准化建设，开展电力科技成果评价、项目立项评价、项目验收评价等标准制修订，标准解释工作，提升评价的专业化和社会化水平	高志准	010-68516563
96	CEC/TC 20	中国电力企业联合会电力先进计算标准化技术委员会	服务电网安全经济运行与业务智能化运营所需的先进技术标准和规范制定，促进电力先进计算技术发展。标准体系包括计算能力类、计算服务类、安全与能耗类、知识产权创新和行业交流融合。计算核心技术水平	赵婷	010-66601979

序号	标委会编号	标委会名称	业务领域	秘书处联系人	秘书处联系电话（座机）
97	CEC/TC 21	中国电力企业联合会户用光伏发电标准化技术委员会	户用光伏发电系统及其关键设备的标准体系研究，进行相关标准、规范等的制修订工作；开展国内户用光伏发电系统及其关键设备标准化的技术交流活动，研究相关领域的国际标准和国外先进标准并进行采标工作	刘美茜	025-83095787
98	CEC/TC 22	中国电力企业联合会电网电磁环境与噪声控制标准化技术委员会	电网电磁环境与噪声控制领域的标准体系建设、标准制修订，标准交流宣贯等标准化工作，重点在电网电磁环境与噪声影响及预测（限值、测量方法、测量仪器校准、计算预测、控制治理），电网电磁兼容及防护（输变电工程内部及与其他系统的兼容性要求）等方面进行标准研制和实施应用	李妮	027-59258384
99	CEC/TC 23	中国电力企业联合会电力测试设备标准化委员会	电力测试设备的产品、设计、检测方法和应用标准，梳理并完善电力电力测试设备相关标准化进程，推动电力测测试设备标准化进程，确保电网平稳安全运行；规范电网领域电力测试设备产品、设计、检测方法和应用水平，促进电力测试设备在电网领域的推广和应用	张礼莉	027-59258323

续表

序号	标委会编号	标委会名称	业务领域	秘书处联系人	秘书处联系电话（座机）
99	CEC/TC 23	中国电力企业联合会电力测试设备标准化委员会	用，加快相关产业标准化工作，知识产权，规范电力测试设备产业发展环境，促进电力测试设备推广应用，引领行业技术进步及产业发展	张礼莉	027-59258323
100	CEC/TC 24	中国电力企业联合会生物质发电标准化技术委员会	燃煤机组耦合生物质发电机标准的制定、修订工作。包括生物质发电领域，生物质气化发电技术领域，燃煤机组耦合生物质发电技术领域	杨洁	0759-8207796
101	CEC/TC 24/SC1	中国电力企业联合会生物质发电标准化技术委员会生物质耦合标准化分技术委员会	燃煤机组耦合生物质发电技术领域的标准化工作，包括该领域内设计、施工、验收、运行维护、检修、设备及材料、试验与监测、技术管理等方面标准的制、修订工作	彭荣	0551-65191150
102	CEC/TC 25	中国电力企业联合会电力物资供应链管理标准化技术委员会	电力行业物料需求预测、计划、集中采购、物资合同管理，以及电力物资的仓储、配送、交付验收、售后服务等各环节全供应链管理标准的制修订	沈雷	010-63253553

续表

序号	标委会编号	标委会名称	业务领域	秘书处联系人	秘书处联系电话（座机）
103	CEC/TC 26	中国电力企业联合会电力设备质量管理标准化技术委员会	负责电力工业设备在设计选型、招标采购、生产制造、设备验收、安装调试、运行维护、退运报废等阶段，涉及质量管理方面的标准制、修订工作	田力	010-6341398
104	CEC/TC 27	中国电力企业联合会导地线标准化技术委员会	导线、地线领域的产品、技术、试验方法等方面的标准制修订以及本领域标准体系的研究，建立和维护	中国电力科学研究院有限公司	010-58386289
105	CEC/TC 28	中国电力企业联合会电力实验室管理标准化技术委员会	开展电力实验室管理标准的研究，负责电力实验室管理相关技术领域的标准化工作，包括电力实验室建设、运行维护、管理评价等技术标准的研究、编制、审定和推广工作	李泽	0571-8524363
106	CEC/TC 29	中国电力企业联合会光伏发电标准化技术委员会	负责归口管理光伏发电及并网相关的各类技术标准，包括基础通用、勘察设计、施工验收、运行维修、设备及检测、检修、技术管理等方面	中电标准化管理中心	010-6341311
107	CEC/TC 30	中国电力企业联合会企业合规管理标准化技术委员会	拟负责组织开展电力行业、企业合规管理体系的建立、推广、实施、评价等全过程标准编制，收集标准在实施中存在的问题和建议，组织本专业标准的立项、复审、提供标准信息、咨询等服务	马辉	010-63253510

续表

序号	标委会编号	标委会名称	业务领域	秘书处联系人	秘书处联系电话（座机）
108	IEC/TC 08	电力供应的系统方面		中电联标准化管理中心	010-63414308
109	IEC/TC 08 SC8A	可再生能源接入电网		张占奎	010-82814098
110	IEC/TC 08 SC8B	分布式电力能源系统		马文媛	010-82813408
111	IEC/TC 08 SC8C	（电力）网络管理		倪明	025-81093607
112	IEC/TC 11	架空线路		中国电力科学研究院有限公司	010-58386289
113	IEC/TC 42	高电压大电流测试		余信成	027-59258396
114	IEC/TC 57	电力系统管理及其信息交换		孔红磊	025-81092940
115	IEC/TC 73	短路电流计算		段翔颖	010-82813126
116	IEC/TC 77	电磁兼容		李妮	027-59258384
117	IEC/TC 78	带电作业		雷兴列	027-59378424

续表

序号	标委会编号	标委会名称	业务领域	秘书处联系人	秘书处联系电话（座机）
118	IEC/TC 99	交流电压 1 kV 及直流电压 1.5 kV 以上高压电力设施的绝缘配合和系统工程		何妍	027-59258251
119	IEC/TC 115	100 kV 以上高压直流输电		中国电力科学研究院有限公司	010-82813353
120	IEC/TC 117	太阳能光热发电		龙泉	010-81130844
121	IEC/TC 120	电力储能系统		胡娟	010-82813436
122	IEC/TC 122	特高压交流输电系统		中国电力科学研究院有限公司	010-82814462
123	IEC/TC 123	电力系统资产管理		董力通	010-66602268
124	IEC/Syc1	智慧能源		中电联标准化管理中心	010-63414376
125	IEC/PC 118	智能电网用户接口		马文媛	010-82813408
126	IEC/PC 127	电力厂站低压辅助系统		李淑琦	028-69995213
127	工作组	光伏发电及产业化标准推进组并网发电工作组	光伏发电标准化工作	中电联标准化管理中心中心	010-63414311

附录三 我国电力行业负责的 IEC/TC 及国内技术对口单位一览表（截止到 2021 年 3 月 1 日）

序号	IEC/TC 号	TC 中文名称	TC 英文名称	国内技术对口单位
1	TC8	电能供应系统特性	System aspects of electrical energy supply	中国电力企业联合会
2	SC8A	可再生能源接入电网	Grid integration of renewable energy generation	中国电力科学研究院有限公司
3	SC8B	分布式电力能源系统	Decentralized electrical energy Systems	中国电力科学研究院有限公司
4	TC11	架空线路	Overhead lines	中国电力科学研究院有限公司
5	TC42	高电压和大电流试验技术	High-voltage and high-current test technique	中国电力科学研究院有限公司
6	TC57	电力系统管理及其信息交换	Power systems management and associated information exchange	国网电力科学研究院有限公司
7	TC73	短路电流	Short-circuit currents	中国电力科学研究院有限公司
8	TC77	电磁兼容	Electromagnetic compatibility	中国电力科学研究院有限公司
9	SC77A	低频现象	EMC -low frequency phenomena	中国电力科学研究院有限公司
10	SC77B	高频现象	High frequency phenomena	中国电力科学研究院有限公司

序号	IEC/TC 号	TC 中文名称	TC 英文名称	国内技术对口单位
11	SC77C	大功率暂态现象	High power transient phenomena	中国电力科学研究院有限公司
12	TC78	带电作业	Live working	中国电力科学研究院有限公司
13	TC99	交流 1 kV 以上及直流 1.5 kV 高压电气设施的绝缘配合和系统工程	Insulation co-ordination and system engineering of high voltage electrical power installations above 1.0 kV AC and 1.5 kV DC	中国电力科学研究院有限公司
14	TC115	100 kV 以上高压直流输电	High voltage direct current （HVDC） transmission for DC voltages above 100 kV	中国电力科学研究院有限公司
15	TC117	太阳能光热发电	Solar thermal electric plants	中国大唐集团新能源股份有限公司
16	PC118	智能电网用户接口	Smart grid user interface	中国电力科学研究院有限公司
17	TC120	储能	Electrical energy storage （EES） Systems	中国电力科学研究院有限公司
18	TC122	特高压交流系统	UHV AC transmission systems	中国电力科学研究院有限公司
19	TC123	电力系统资产管理	Management of network assets in power systems	国网经济技术研究院有限公司
20	IEC SyC Smart Energy	智慧能源	Smart energy	中国电力企业联合会